中形性
Mediumness

Mediumness
중형성(中形性)
2012년 1월 25일 1쇄 발행 | **지은이** 남수현, 이세연, 조영호, 송혜진, 이진숙, 노무영, 노경은, 유은숙, 정주현, 정호연, 권세진, 김형근
발행인 김기현 | **발행처** Spacetime·시공문화사 | **등록** 1993.3.12 제1493 **편집,디자인** 김형근 | **인쇄** (주) 서울문화사
제본 문종문화 | **용지** 대림지업(주)

120-796 서울시 서대문구 현저동 200 극동빌딩 5층 | **전화** 02-3147-1212 | **팩스** 02-3147-2626 | **E-mail** spacetime@korea.com
Homepage www.spacetime.co.kr
ISBN 978-89-5592-220-2
정가 12,000원

Contents

이 책은 규칙이 아니라 원칙에 관한 것이다.

이 책은 공식이 아니라 연속적이고 보편적인 형식에 관한 것이다.

이책은 전형이 아니라 원형에 관한 것이다.

-로버드 맥기 (시나리오 어떻게 쓸 것인가)

Tractatus Logico-Urbanus

- 도시조건에 대한 추론적 선언문

- Speculative Manifesto of Urban Conditions

1. The urban condition is all that is the case.

1. 도시조건은 일어나는 모든 행위의 총체이다.

1.1. The urban condition is the totality of activities, not of things.

1.1. 도시조건은 행위의 총체이지 사물의 총체가 아니다.

1.1.1 The activities in logical space are the urban condition.

1.1.1. 논리적 공간 속의 행위들이 도시조건이다.

1.1.2 Logical space is how space came to be, not how it started.

1.1.2 논리적 공간은 그 공간의 시작이 아니라 결과적으로 어떻게 존재하는가에 대한 얘기이다.

1.1.2.1 The consequence is both intentional and accidental.

1.1.2.1 결과는 의도적이기도 하며 우연적이기도 하다.

1.1.2.2 Designs for new urban condition are from the beginning non-sensical, since we can not determine what is accidental.

1.1.2.2 새로운 도시조건을 위한 디자인은 시초부터 비이성적인데, 이는 우리가 우연적인 것을 구별 할 수 없기 때문이다.

1.1.2.3 If we can foresee it, it states that the phenomenon is not accidental.

1.1.2.3 만약 우리가 예상할 수 있다면 그 현상은 우연적이지 않다.

1.1.2.4 Unintentional occurrences differ from accidental phenomenon.

1.1.2.4 비의도적인 사건은 우연적 사건과 차이가 있다.

1.1.2. The activities can not be achieved by prior planning.

1.1.2. 행위는 계획에 의해서 얻어질 수 없다.

1.2.1 Only after incidents can it be arbitrated.

1.2.1 사건이 나타난 후에야 중재될 수 있다.

1.2.2 Logical space includes not only location, but how activities exist.

1.2.2 논리적 공간은 위치뿐만 아니라 행위들의 존재양식까지 포함한다.

1.2.3 Elucidation of activities differs from design of activities.

1.2.3 행위에 대한 설명은 행위의 계획과 차이가 있다.

1.2.3.1 Elucidation of activities will include events.

1.2.3.1 행위에 대한 설명은 이벤트를 포함한다.

1.3 Difficulties lie in the fact that the current activities are outcome of several transformations of urban conditions.

1.3 어려움은 현재의 행위들이 도시조건의 많은 변화의 결과라는 것이다.

1.4. For our perception of urban condition is bound by current situation, we need to force our sense to wander.

1.4 우리의 도시조건에 대한 인식은 현재의 상황에 의해 제한되어 있기 때문에 우리는 우리의 감각을 자유롭게 방황시켜야 한다.

1.4.1 We need to diverge our senses to acknowledge what is lacking in present situation.

1.4.1 우리의 감각을 분기시켜야지만 현재 상황의 결핍을 인지할 수 있다.

1.4.2 This wandering will help us understand the presence of underlying system.

1.4.2 이런 방황은 기저에 있는 현재 시스템을 이해하는데 도움을 준다.

2 What is the case is the existence of dense states of activities

2 중요한 것은 행위가 밀도 안에서 존재하는 것이다.

2.1 Urban condition is density: both are tautology.

2.1 도시조건은 밀도이다: 이는 동어반복이다.

2.1.1 The history of urban condition began with need for density.

2.1.1 도시조건의 역사는 밀도의 요구에 의해 시작하였다.

2.1.1.1 Current phenomenon is not ideal, but is a state which can be appreciated for its existence. The issue is rather we are 'idealizing' the current state for its existence.

2.1.1.1 현재의 상황은 이상적이지 않지만, 그 존재 자체로 평가가 마땅하다. 문제는 현재 상황의 존재만으로 '이상화'되고 있다는 사실이다.

2.1.2 What is important is the fact that through density, benefits are acquired.

2.1.2 중요한 것은 밀도를 통해 이익이 만들어 진다는 것이다.

2.1.2.1 The degree of density that has been achieved through history is such that none of the theories of past can not be applied to the current need of degree.

2.1.2.1 역사를 통해 경험한 밀도의 정도는 현재 요구되는 밀도에 비해 낮기 때문에 이전의 이론이 적용될 수 없다는 데 있다.

2.2 Urban condition in terms of density includes totality of activities, which entails that it includes everything from work, leisure and religious.

2.2 밀도에 의한 도시조건은 행위의 총체를 포함하여, 작업, 레져 그리고 종교적인 행위를 비롯한 모든 것이 포함된다.

2.2.1 Urban condition entails that the density of a location fluctuates.

2.2.1 도시조건은 필연적으로 한 장소의 밀도가 변동함을 포함한다.

2.2.1.1 Consider garden of past century. Garden was at once stage and theater, backstage and audience, ceremonial ballroom and intimate salon. Only the garden could have satisfied all the requirements of a large court festivity.

2.2.1.1 역사 속 정원을 고려해 보자. 정원은 동시적으로 무대이며 극장, 무대 뒤이고 청중이었으며 의식을 위한 무도장이며 친밀한 살롱이었다. 오직 정원만이 대규모의 행사를 만족시킬 수 있었다.

2.2.1.2 Garden, as defined in current state, denies these possibilities.

2.2.1.2 지금 상태로 정의된 정원에서는 이런 가능성을 부인한다.

2.2.1.3 Traditional urban conditions have more permanence base whereas current one aims for ephemeral condition to accommodate modern activities.

2.2.1.3 전통적인 도시조건은 영구적 기저를 가지고 있었던 반면 현재는 한시적인 조건을 통해서 행위를 수용하려 하고 있다.

2.2.2 Fluctuation of activities cannot be sole aim of new urban condition.

2.2.2 행위밀도의 변동이 도시조건의 목적이 될 수는 없다.

2.2.2.1 Rather, it is a vital part of urban condition. What is different in urban condition is the anomalies gained by these fluctuations. But they are by-product of mundane life in urban condition

2.2.2.1 오히려 이는 도시조건의 중요한 부분이다. 도시조건의 차이 중에 하나는 이런 변동을 통한 변칙적 상황들이다. 그러나 이는 도시조건 속 일상적 생활 속의 부산물일 뿐이다.

2.2.2.2 But we should aim to make room for these phenomena.

2.2.2.2 그러나 우리는 이런 현상들을 위한 여지를 남겨야 한다.

2.3 Unsatisfactory conditions arising from attempting density is not inherent in the condition of density.

2.3 밀도를 시도함에 있어서 수반되는 만족스럽지 못한 조건들은 밀도의 조건에 내재되어 있다.

2.3.1 It only implies we have not thought enough about density.

2.3.1 이는 우리가 밀도에 대해서 충분히 사고하지 못했음을 함축한다.

2.3.2 We have to distill the essence of density.

2.3.2 밀도의 본질을 추출하는 시도를 하여야 한다.

2.4 Totality of activities regarding density necessitates that all forms of density should be considered.

2.4 밀도에 관한 행위의 총체는 모든 형태의 밀도가 고려되어야 함을 요구한다.

2.4.1 Density of amenities should be attended as significant factor as any other factors.

2.4.1 쾌적을 위한 밀도 또한 다른 밀도 만큼이나 중요하게 고려되어야 한다.

2.4.1.1 Many consider it to be sin to demolish Greenbelt of Seoul. But as urban condition requires, it is natural that artificial boundaries are dismantled. The predicament is that we have not thought of next stage.

2.4.1.1 많은 사람이 서울의 그린벨트를 없애는 것을 죄악시 한다. 그러나 도시조건이 요구함에 따라 인공적인 경계는 사라지는 것이 자연스럽다. 그러나 그 다음 단계를 사고하지 않는 다는 것이 우리는 곤경으로 몬다.

2.4.1.2 Regarding Greenbelt as a mere green zone is the primary mistake.

2.4.1.2 그린벨트를 단순한 자연구역으로 생각하는 것이 가장 큰 실수이다.

2.4.1.3 It should have carried function that can not be handled otherwise.

2.4.1.3 다른 어떤 구역으로도 가능하지 않은 기능이 부여되었어야 한다.

2.5 Boundary is essential for density.

2.5. 경계는 밀도를 위해 필수적이다.

2.5.1 Every urban condition has its boundary.

2.5.1 모든 도시조건은 경계를 가지고 있다.

2.5.2 Boundary can be territorial - rivers, mountains, ponds, or infrastructural, historical, cultural or psychological.

2.5.2 경계는 지형적 - 강, 산, 호수 -일 수도 있으며 인프라적, 역사적, 문화적 그리고 심리적일 수도 있다.

2.5.3 In organizing/expanding urban condition, it is crucial to define these boundaries.

2.5.3 도시조건을 구성/확장함에 있어 이런 경계를 정의하는 것은 중요하다.

2.5.4 The ability to handle these needs is one of constituents of evolution of urban condition.

2.5.4 이런 요구를 조종하는 능력은 도시조건의 진화 요소 중 하나이다.

2.5.5 Boundaries exist in many disguise.

2.5.5 경계는 다양한 형식으로 위장되 존재한다.

2.5.5.1 For urban condition to thrive, it is essential to eliminate unnecessary boundaries.

도시조건이 활성화되기 위해서는 필요없는 경계들을 제거하는 것이 근본적이다.

2.5.5.2 Various forms of boundaries (even within sphere of urban condition) should be dislocated for maximum efficiency.

2.5.5.2 도시조건 속에도 숨어있는 다양한 형태의 경계는 최대한의 효율을 위해서 탈구되어야 한다.

3 logical space of activities is architecture.

3 행위의 논리적 공간은 건축이다.

3.1 Logical space has to be revealed before we can assess it.

3.1 논리적 공간은 우리가 판단하기 위해 드러나 있어야 한다.

3.1.1 Architecture is graspable unit of space.

3.1.1 건축은 공간의 이해할 수 있는 단위이다.

3.2 Architecture contains all the case including the physical context.

3.2 건축은 물리적 문맥까지 포함하는 전체이다.

3.2.1 Architecture, as it has been in history, does not limit itself to the physical.

3.2.1 역사에서 드러나듯 건축은 물리적인 사물에 한하지 않는다.

3.2.2 Logical space of architecture contains every system of period.

3.2.2 건축의 논리적 공간은 각 시대의 시스템까지를 포함한다.

3.2.3 It includes language, culture, social system, institution, organization, and legal system.

3.2.3 여기에는 언어, 문화, 사회체계, 기관, 구성 그리고 법적인 형식을 포함한다.

3.3 In elucidation of architecture, systems have to be explained.

3.3 건축의 설명을 위해서는 시스템이 설명되어야 한다.

3.3.1 Looking into systems, one has to bear in mind the definitions have changed.

3.3.1 시스템을 사고 할 때, 정의 자체가 바뀌었음을 인지하고 있어야 한다.

3.3.1.1 For example word like 'Garden' had meant a place of production and gathering in medieval age. 'Garden' as a place for contemplation and rest, has only to emerge in 19th century.

3.3.1.1 예를 들어 '정원'이라는 단어는 중세 때 생산과 모임의 장소로서 이해되었으며 19세기에 들어서야 사색과 휴식의 장소로서 이해되기 시작한다.

3.4 Particular importance for urban condition is public space and value.

3.4 도시조건에 있어 특별한 중요 요소는 공공 공간과 공공 가치이다.

3.5 Domain of public and private depends on the function, not ownership

3.5 공적 영역과 사적 영역의 구별은 소유가 아니라 기능에 의해서 정의된다.

3.5.1 In case of performance, the ownership is irrelevant.

3.5.1 성능 면에서 소유는 의미가 없다.

3.5.2 Only location and program are crucial for activities.

3.5.2 오직 위치와 프로그램만이 행위를 관련되어 중요하다.

3.5.3 Should ownership become more acute problem, fundamental divisions occur which weakens the urban condition.

3.5.3 소유권에서 문제가 생기기 시작하면 도시조건을 약하게 만드는 근본적인 분리가 일어난다.

3.5.4 in existing cities, needless alterations of urban condition is brought by change in ownership.

3.5.4 기존의 도시에서 도시조건의 필요없는 변화는 주로 소유권의 변화를 통해 생긴다.

3.5.5 Therefore, the ownership should not hinder function of public or private space.

3.5.5 따라서 소유권은 공적인 혹은 사적인 공간의 기능을 저해해서는 안된다.

3.6 Use-value is all the case for activities.

3.6 사용가치만이 행위의 총체적 합이다.

3.6.1 In capitalist culture, exchange-value has overruled the use-value

3.6.1 자본주의에서는 교환가치가 사용가치를 위압하고 있다.

3.6.2 For urban condition, it is imperative that use-value should be the sole variable for change.

3.6.2 도시조건을 위해서는 사용가치만이 변화를 위한 변수가 되는 것이 절대 중요하다.

3.6.3 Without restricting exchange-value in a very controlled environment, use-value cannot thrive.

3.6.3 주어진 환경안에서 사용가치를 제한하지 않는다면 사용가치는 존재할 수 없다.

3.7 Restriction of ownership and exchange-value exceeds the socially accepted norm of architecture. Therefore, scope of architecture should expand to accommodate the needed revision.

3.7 소유권과 교환가치에 대한 제한은 사회적으로 받아들여진 건축의 범위를 벗어난다. 따라서 건축의 범위는 필요한 교정을 위해서 확장되어야 한다.

3.7.1 This requires change in human behavior, but since this cannot occur without arbitration, steps to urge the change should be installed.

3.7.1 이는 인간행태의 변화를 요구하며 중재를 통하지 않고는 일어날 수 없기 때문에 이 변화를 위한 다양한 방법들이 시작되어야 한다.

3.7.2 Without this revision, every attempt to reform urban condition will not be accomplished.

3.7.2 이런 교정이 없이는 도시조건의 개량을 위한 모든 시도는 성공하지 못 할 것이다.

3.7.3 This only confirms our belief that logical space of architecture contains every system.

3.7.3 이는 건축의 논리적 공간이 모든 시스템을 포함한다는 믿음을 확증하고 있다.

3.7.4 It is therefore necessary to devise conceptual framework that would eventually function as methodology for planning urban condition.

3.7.4 따라서 도시조건을 계획하기 위한 방법으로 사용될 수 있는 개념적인 구조를 사고하는 것이 필요하다.

3.8 In logical space there exist two forms of architecture: Interiority and Exteriority.

3.8 논리적 공간 안에는 두 가지 형식의 건축이 존재한다: 내면과 외면

3.8.1 This division relates to forms of activities: Private and Public.

3.8.1 이 구별은 행위의 형식과 관계된다: 사적 행위와 공공 행위

3.8.1.1 Private activities relate onto itself.

3.8.1.1 사적인 행위는 자신과만 관계된다.

3.8.1.1.1 The main criteria is proximity to other organizations.

3.8.1.1.1 가장 중요한 척도는 다른 기관과의 근접성이다.

3.8.1.1.2 Main local space is Interiority of architecture with introvert conditions; private domain.

3.8.1.1.2 주 공간은 내향적 조건이 있는 건축의 내면이며 이는 사적인 영역이다.

3.8.1.2 Public activities relate to urban conditions.

3.8.1.2 공공 행위는 도시조건과 관계된다.

3.8.1.2.1 Extrovert conditions are its main local space; public domain.

3.8.1.2.1 외향적 조건이 주 공간이며 이는 공공적 영역이다.

3.9 Isolation between ownership and operation equals to emancipation of urban condition.

3.9 소유와 작용 사이의 분리는 도시조건의 해방을 의미한다.

3.9.1 As ordinary city evolves, ownership becomes too rigid for urban condition.

3.9.1 일반적인 도시가 발전할 때 소유권은 도시조건을 위해서는 너무 완고해 진다.

3.9.1.1 Definition of architecture includes state of ownership.

3.9.1.1 건축의 정의는 소유의 형태를 포함한다.

3.9.1.2 Predicament rise from rigid ownership.

3.9.1.2 곤경은 완고한 소유권에서 시발된다.

3.9.2 Defining ownership as right of use should be exercised.

3.9.2 소유권을 사용권으로 정의하는 것이 중요하다.

3.10 Interiority of architecture is reserved by private use.

3.10 건축의 내면은 사적인 용도를 위해 남겨두어야 한다.

3.10.1 Every activities reserved by private can be accommodated in interiority.

3.10.1 사적인 모든 행위는 내면에서 수용될 수 있다.

3.10.2 It is exchange value that must be restricted.

3.10.2 교환가치는 제어되어야 한다.

3.10.3 Right of use does not imply any exercise over outside condition.

3.10.3 사용권리는 외부의 조건에 대한 행사를 의미하지 않는다.

3.11 Exteriority of architecture is reserved by public use.

3.11 건축의 외면은 공공사용을 위해 수용된다.

3.11.1 Exteriority include all that is the case except reserved for interiority.

3.11.1 외면은 내면을 제외한 모든 총체를 포함한다.

3.11.2 Exteriority includes everything exposed to outside including infrastructure, green space.

3.11.2 외면은 외부로 노출된 모든 것을 포함하며 여기에는 인프라 스트럭춰와 자연공간이 포함된다.

3.11.2.1There will not be any distinction between public and private in the open.

3.11.2.1 외부에서는 공적 공간과 사적 공간의 구분은 없다.

3.11.3 Contemporary city is a grid pattern of streets on a plan background, a criss-cross of lines.

3.11.3 현재 도시는 그리드 패턴의 도로로 구성된 교차선으로 이루어져 있다.

3.11.4 This is not a condition inherent in urban condition.

3.11.4 이는 도시조건에 내재된 조건이 아니다.

3.11.4.1 It is result of presupposing private ownership.

3.11.4.1 이는 사적인 소유를 전제로 한 결과이다.

3.11.5 Proposition that city should integrate every dwelling, every resident into its life, is false.

3.11.5 도시가 모든 주거와 개인을 포함해야 한다는 명제는 그릇되었다.

3.12 In existing urban conditions, restriction is impossible.

3.12 현재 존재하는 도시조건 안에서는 규제는 불가능하다.

3.13 It is only with reform that this complete condition would come to being.

3.13 개혁을 통해서만 완전한 조건이 존재하게 될 것이다.

3.14 Use-value is primary constant for architecture.

3.14 사용가치는 건축의 변하지 않는 상수이다.

4 The general form of architecture is intentional.

4 건축의 총괄적 형식은 의도적이다.

4.1 Intention is the difference between nature and logical kind.

4.1 의도는 자연과 논리적인 종류의 차이이다.

4.2 Act of engaging in projecting architecture is design.

4.2 건축을 투영하는 행위는 디자인이다.

4.2.1 Intention is the case for design.

4.2.1 디자인의 총체성은 의도이다.

4.2.2 Intention and design is tautology.

4.2.2 의도와 디자인은 동어반복이다.

4.3 Intention in logical space is sense.

4.3 논리적 공간 안에서의 의도는 이성이다.

4.3.1 In design, intention is projected with sensibility.

4.3.1 디자인에서 의도는 감수성과 함께 투영된다.

4.3.2 If intention of design is synonymous with other design, they are essentially the same.

4.3.2 만약 디자인의 의도가 다른 디자인과 동일하다면 이들은 근본적으로 같다.

4.3.2.1 This is not to do with physical similarities.

4.3.2.1 이는 물리적인 유사성과는 구별된다.

4.3.2.2 Therefore the designs of Modernists and Socialists are one and the same.

4.3.2.2 따라서 사회주의자와 모던니스트의 디자인은 동일하며 같다.

4.4 Despite what's been claimed, creating an urban condition from design is non-sense.

4.4. 주장함과는 달리 도시조건을 디자인을 통해서 만드는 것은 비이성적이다.

4.4.1 What design can plan for architecture to achieve urban condition is limited by sense.

4.4.1 도시조건을 이루기 위한 건축을 위해 디자인이 할 수 있는 일은 이성에 의해 제한되어 있다.

4.4.2 Logic also denies the possibility of designing totality of activities.

4.4.2 논리 또한 행위의 총체를 디자인하는 가능성을 부인한다.

4.4.3 Perception is active with intended choices, known or otherwise.

4.4.3 지각 또한 인지되거나 인지되지 않는 의도된 선택에 의해서 활성화 되어 있다.

4.4.4 Conception can not escape intention.

4.4.4 개념은 의도를 벗어날 수 없다.

4.5 Condition of Ex-nihilo does not exist for urban condition.

4.5 도시조건에서는 무조건은 없다.

4.5.1 Space which design intends is initially tabula-rasa.

4.5.1 디자인이 의도하는 공간은 초기에는 백지에서부터 시작한다.

4.5.2 This is inherent condition with thought process.

4.5.2 이는 사고과정의 내재적인 조건이다.

4.5.3 Design process should be designed to allow tolerance for unintentional.

4.5.3 디자인 과정은 의도되지 않은 요소를 담을 수 있도록 디자인되어야 한다.

4.5.3.1 This is double-thinking aspect of design.

4.5.3.1 이것이 디자인의 이중적인 측면이다.

4.6. Sensible design can only lie in sensory experiences of the world as the most reliable source of self-knowledge.

4.6 이성적인 디자인은 감각을 통한 세계의 경험을 가장 믿을 수 있는 근거로 삼을 수 밖에 없다.

4.6.1 This is the fixed point: truth predicate

4.6.1 이것이 고정된 요소이며 진실은 이 안에 내포되어 있다.

5 what we cannot design logically we must project our intentions for consensus.

5 우리가 논리적으로 디자인 할 수 없는 것에 대해서는 공감을 위해 우리의 의도를 투영하지 않으면 안 된다.

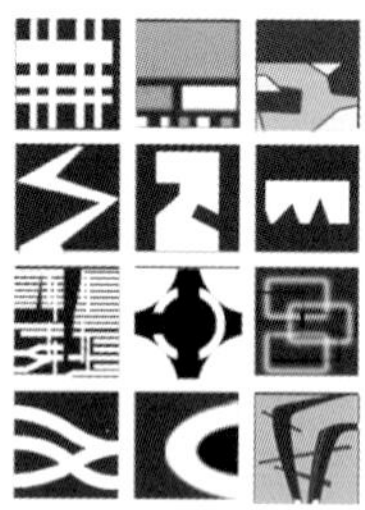

반드시 결말은 필연적이면서도 예상밖이어야 한다.
- 아리스토 텔레스

Mediumness 中形性

도시는 복잡하다. 도시는 한가지로 분석되는 것을 허용치 않는다. 도시는 살아있는 사람들의 수많은 결정들이 동시다발적으로 실행되어 마치 살아있는 유기체처럼 움직인다. 이런 도시를 어떻게 해석할 것인가, 그리고 무엇을 계획할 것인가, 가 우리의 시작점이다. 또한 도시는 인간사회의 변화/발전에 더불어 모습을 바꾸어 나간다. 그런데 인간의 욕구 또한 개개인의 차이가 크며 그 스펙트럼은 무한한 공간에 혼자 있고픈 욕구에서부터 끝없는 사람의 인파 속에 묻히고픈 욕망까지 한없이 다양하다. 이런 복합적인 욕구에 대한 반응 또한 필요하다.

앞에 기록한 추론적 선언문에서 보았듯이 도시인가 아닌가는 결국 행위 밀도의 차이에 의해서 결정된다. 도시라는 정의 자체가 밀도와의, 밀도만의 관계를 갖는 것이다. 이런 밀도의 집적에 의해서 도시는 장점을 갖는다. 이런 장점을 극대화하기 위해 도시는 다양한 프로그램을 수용한다.

자연발생적으로 생긴 도시에서 생긴 문제들을 해결하기 위해서 여러 가지 규정들이 역사적으로 생성된다. 한편 건축기술, 자본주의의 발달을 통해서 도시의 밀도는 이전에 상상할 수 없을 정도로 높아졌으며 이에 따른 문제는 기존의 도시에 관한 이론들이 더 이상 적용가능한 한계를 벗어났다는 사실이다.

도시에 대한 이론은 너무도 많지만 도시밀도의 원래 이유를 제외하고, 디자인적인 이슈는 결국 네 가지로 압축된다. 인간 스케일에 적합한 도시공간계획이 되어 있는가? (혹은 그것이 합당한 일인가에 대한 고민이 있을 수 있지만 그 태도가 반대건 찬성이건 당연히 고려되어야 하는 이슈이다) 다양한 프로그램들은 어떻게 배치되어야 할 것인가? (결국은 효율에 관한 이슈이다) 그리고 도시는 인간에게 어떤 감성을 주어야 하는가? (감흥과 감성에 대한 이슈) 도시의 시간과 역사는 어떻게 보존(혹은 개선)되어야 할 것인가? (존재의 의미에 대한 이슈) 이 네 가지의 이슈는 서로 상호보완적이기도 하고 배타적이기도 하다.

우리는 서울 강남역 지역을 선택하여 연구하면서 앞의 네 가지 이슈 중 마지막 이슈를 상수로 가지고 다른 세 가지를 변수로 간주하여 작업하였다. 그러나 도시의 시간과 역사가 대부분 그 고색창연함, 즉 시간의 켜에 대한 이슈가 주로 대두되었다면, 70년대에 개발된 강남역 부근에선 그런 소위 역사의 흔적이나 유의미한 사건의 기록이 없다. 강남역 부근에서의 도시의 시간과 역사는 다른 의미로서 상수가 된다. 즉 이곳에서는 근 40년 동안 우리가 요구하는 도시, 그 프로그램과 행위들이 기록된 리트머스 종이로서의 의미가 발견된다. 즉, 아무런 문맥이 없는 지역, tabula rasa에 40년

동안 만들어진 도시환경은 지금 우리나라 사람들의 행태를 발견하는 공간으로서 적합한 실험적 장소가 되는 것이다. 물론 여기에는 커다란 장애물이 있다. 모든 강남지구는 근대적인 조닝법규 및 그 사상이 포함되어 있다. (이는 자생적으로 만들어지지 않은 모든 도시구역이 가지는 맹점이기도 하다.) 즉, 한 시점의 도시에 대한 개념/생각이 그 후의 발전/변화 과정에 지대한 영향을 끼치게 된다. 이에 대해서는 또 다른 논의가 필요할 것이며 이 연구에서는 그 한계를 받아들이고 작업을 하였다.

몇 가지의 리서치를 통해서 우리는 우리 작업의 전체를 칭하는 용어로서 Mediumness (中形性)이라는 어휘를 선택하게 되었다. 이는 다분히 렘 콜하스의 Bigness란 용어를 의식한 작명인데, 이에 대해서는 이미 아는 지식이라 판단하여 더 이상의 언급을 하지 않겠다. 또한 (그렇게 본인이 지칭한 적은 없지만) 제인 제이콥스가 주장하는 이론에서 smallness 라는 특징을 꼽고, 이와 비교된 bigness와의 충돌, 그 사이의 어느 위치를 우리가 만들어 나갈 수 있지 않을까 하는 희망적인 생각에서 비롯되기도 한다.

도시가 밀도에 의해서 정의된다면 밀도를 획득하는 가장 쉬운 방법은 하나의 유닛 자체의 크기를 늘려가는 것이다. 도심의 집중화로 인해서 밀도를 해결하기 위해서 건물은 층을 만들고 올라가기 시작한다. 거기에 효율성(상업적인 효율성 MAXIMUM PROFIT=EFFICIENCY)을 고려하면서 주변 문맥에 무감각한 (최대한의 임대면적을 확보하기 위해서 "여유" 공간은 계속해서 "희생"이 된다.) 건축이 양산된다. (물론 BIGNESS는 단순히 도시문맥과의 관계를 의미하는 것이 아니라 건축 자체의 변화에 대한 분석이기도 하며, 이에 대해서는 또 고려를 해야 할 것이다.) 즉, 문제는 탐욕GREED이지만 그 탐욕GREED 자체의 속성이 아닌 탐욕GREED의 정도DEGREE가 문제가 된다. 또한 이를 인간적 척도, 스케일에 비추어보면 서로 부합하지 않는 비합리적인 부분이 있으며 이는 단순히 당위성의 문제가 아니라 마케팅, 자본주의 자체의 효율과도 관계가 된다. 또한 제이콥스과 콜하스에서 공통적으로 발견되는 조닝(기능에 따라서 공간을 구획하는 방식)에 대한 혐오는 실제 감성적인 면을 제외하더라도 밀도와 동시에 도시가 기능하는데 중요한 프로그램의 배치를 고려하면 당연한 귀결이기도 하다. 따라서 Mediumness는 건물 크기를 지칭하면서도 동시에 기능적 구분에 대한 언급이기도 하다.
강남역의 상황을 보면 작은 규모의 건물 군들이 주로 모여 있지만 예전의 도시모델과는 다른 양식으로 기능하면서 존재하는 양상을 접하게 된다. 즉, 예전의 제이콥스와 같은 전통적인 가로에 대한 해석으로는 볼 수 없는 무명의 그러나 활발한 교환이 이루어지는, 다른 차원의 '정주공간'이 존재하고 있는 것이다. 이 책에 소개되는 작업들에서 뚜렷하게 명시화되어 있지는 않지만, 결국 관심은 이런 이제까지 정의되지 않은 제 3의 공간에 대한 것이 주 이슈라고 할 수 있다. 이는 상업공간을 욕망의 코드화, 인간성이 말살되는 공간으로서만 해석하는 것이 아니라 그 자본주의적인 욕망의 기저에 또 다른 층위의 인간적인 욕망이 있는 것은 아닐까라는 생각에서부터 비롯되었다.

자동차는 네 바퀴 연소엔진으로 100년이 되었다. 베니스 워크샵에서 만난 이탈리아 교수가 30년대 자동차와 요즘의 자동차를 보여주면서 자동차가 이런 큰 발전을 이루는 동안 건축은 변화한 것이 없다고 한탄하였지만 자동차의 변화도 사실 생각해보면 근본적 변화는 전무하다고 볼 수 있다. 오히려 인프라들이 변화하면서 자동차의 속도의 변화에 의해 근본적으로 공간을 사용하는 방법이 변해왔고, 변할 것이다. 그러나 우리나 일상에서 느끼듯이 아무리 인프라의 발달로 속도, 생활권 자체가 넓혀져도 '비용', 효율을 고려할 수 밖에 없다. 따라서 가만 생각을 해본다면 생활권 자체의 확장보다는, 일정한 면적 안에서의 다양한 접근가능성이 오히려 큰 영향을 끼친다고 할 수 있을 것이다. 즉 대중교통에 의해서 결절점에서 결절점으로 옮겨지는 패턴이 일정 면적 내부에 밀도로서 나타나기 시작한다는 것이다. (그러나 이 또한 마이크로한 조건들에 의해서 미세한 영향을 받고 있을 것이다.) 그런 면에서 MEDIUMNESS는 하나의 영역안에서 건축으로 인해서 만들어지는 결절점을 좀 더 유연하게 만드는데 목적을 두고 있다고 볼 수도 있다. 도시 조건의 마크로한 조건들을 마이크로한 지역 안에서 실현하려는 의지를 갖고 있는 것이다.

마지막으로 도시의 감성적인 측면 이슈를 보면 의도적인 이성적 기능 분류를 거부하는 제이콥스과 콜하스의 전통은 분명 따라야할 측면이 있으며 (이는 사실 전통적인 도시의 특성이기도 하다) 이런 전통을 이미 주어진 그리드와 조닝에서도 가능한 측면이 있는지 살펴보는 것도 중요한 관심이었다. 또한 이는 포탈을 여는 제스츄어에 이미 내재된 특징이기도 하다. 이를 공간적으로 보면 특히 적층된 공간에서 순차적인 적층을 거부하는 엘리베이터나 계단들을 생각해 볼 수 있다. 이는 기본적으로는 역시 '이성'적인 분류를 방해하는 개념이면서 동시에 기능의 섞임(ANTI-ZONING)이 존재할 때만 그 의미를 가질 수 있는 공간 배치 방법이기도 하다. 이런 감성적인 측면에서 강남역의 주 기능은 쇼핑과 유흥공간 외에 문화공간들을 어떻게 수용할 것인가에 대한 이슈가 몇 프로젝트의 주주제로 다루어지고 있다. 거기에 더하여 주거공간이 이런 밀집된 상업공간과 만났을 때 어떻게 기능할 것인가에 대한 이슈를 중점적으로 다룬 프로젝트도 존재한다. 또한 감성을 다루면서 도시 안의 공원이나 그린 스페이스에 대한 고려가 없을 수는 없을 터, 강한 프로그램을 가지면서도 그린 스페이스를 같이 집적화 하려는 노력이 담긴 프로젝트도 포함되고 있다.

이런 논의를 통해서 따르는 12가지의 프로젝트가 완성되었다. 완성도나 개념의 명확함 등에서 차이도 있고 각 프로젝트의 자유도를 유지하려는 스튜디오의 특성 때문에 여기서 논의된 이슈들은 그 순도와 의도가 각 프로젝트에 따라서 차이가 남은 어쩔 수 없다. 그러나 큰 방향에서는 모두 한 유형에 포함된다고 볼 수 있을 듯 하다.

mediumness
mediumness

Analysis of Gangnam Station

강남 격자도시의 개발

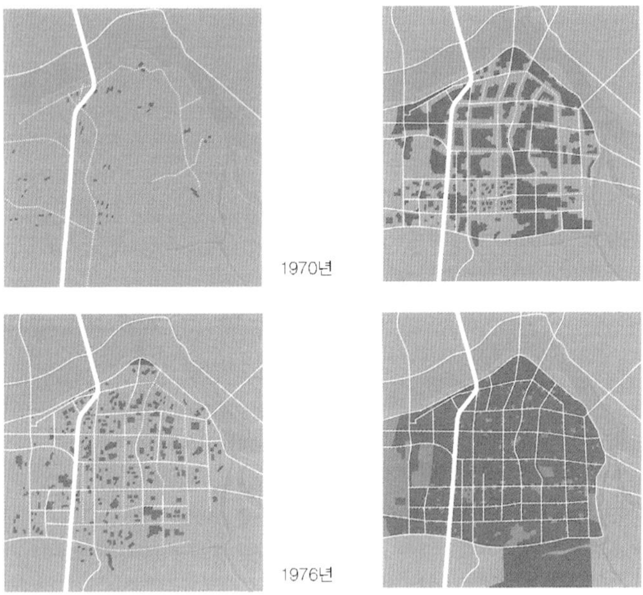

1970년 1982년 1976년 1988년

출처 - 서울특별시 전시회 "다시 보는 강남"

1970 : 경부고속도로만 있던 시절
1976 : 도로도 없이 주택만 들어오고
1982 : 아파트, 특히 압구정동이 커지고
1988 : 비로소 큰길가 업무지구도 개발되지만 빈 땅이 많다가
1990 : 큰길가 업무용 건물이 본격적으로 들어섬

1969년 한남대교, 경부고속도로 건설을 시작으로, 영동토지구획정리 1,2지구의 사업이 진행되었다. 1975년에는 아파트지구가 지정되어 대규모 아파트가 건설되었으며, 비어 있었던 땅에 단독주택도 속속 들어서게 된다. 1980년대 양재, 이수 토지구획정리사업과 개포, 우면, 수서 택지개발사업이 시행되고, 염곡, 내곡 등지의 소규모 주택지조성사업이 이루어지면서 강남의 현재의 모습이 만들어졌다.

HISTORY

강남의 형성

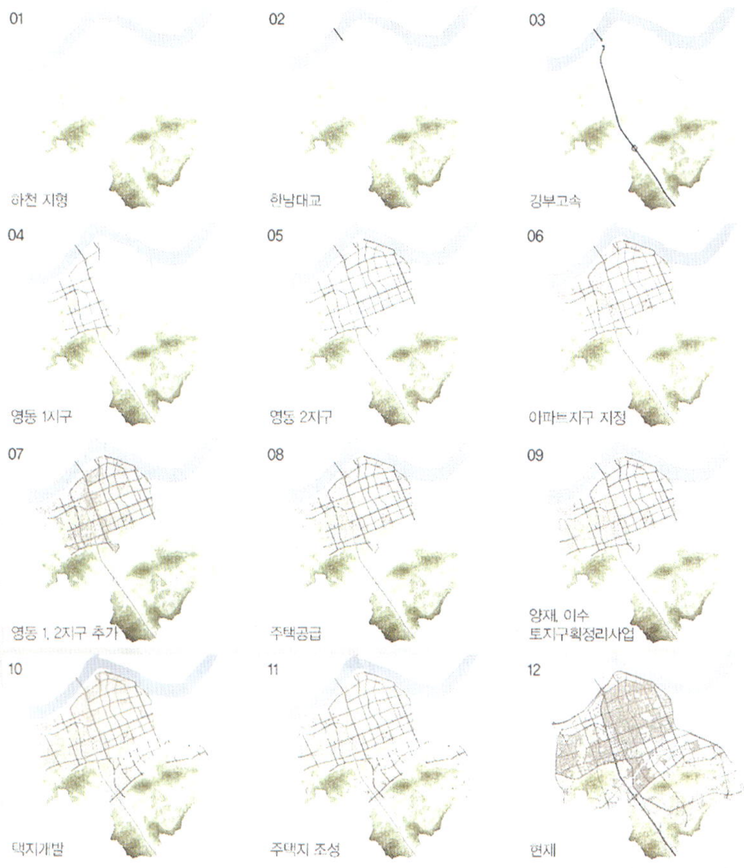

출처 – 서울특별시 전시회 "다시 보는 강남"

강남역 – Density Other Statistics

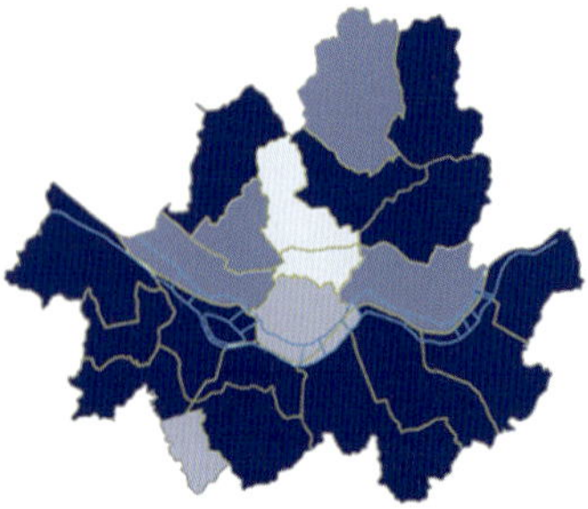

인구밀도

low high

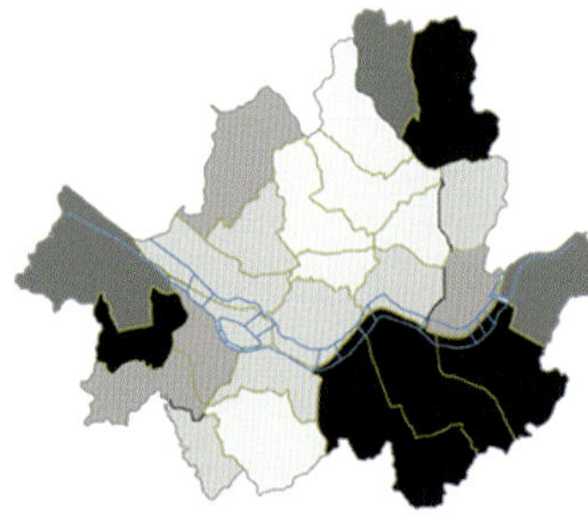

차량보유밀도

low high

강남, 서울의 관문

강남은 경부고속도로의 관문 역할을 하기에 전국의 교통이 밀집될 수 밖에 없는 구조였다. 특히 수도권에서 강남으로의 접근성이 뛰어난 것은 경부고속도로의 끝이 강남에 있어 가능한 일이다. 분당, 용인, 수원, 안산 등 어느 지역에서 버스를 타더라도 서울로 들어오기 위해서는 강남을 거쳐야만 하는 것. 수도권에 위치한 대학교들의 수십 대의 스쿨버스가 강남으로 오는 이유이기도 하다.

주택유형 2005

Housing Type by Gu, 2005

· 숫자는 총계를 나타냄
· Number means the total

단독주택 Detached Dwelling
아파트 Apartment
연립 및 다세대 Rowhouse & Apartment Units in a Private House

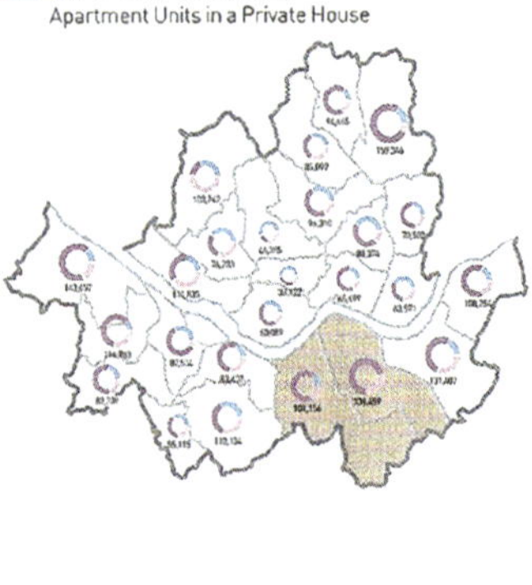

인구 변화 1980-2005

Population Change, 1980

감소 Decrease -20 이하 Below
-20~-10
-10~0
0~15
15~50
증가 Increase 50~100
100 초과 Over(%)

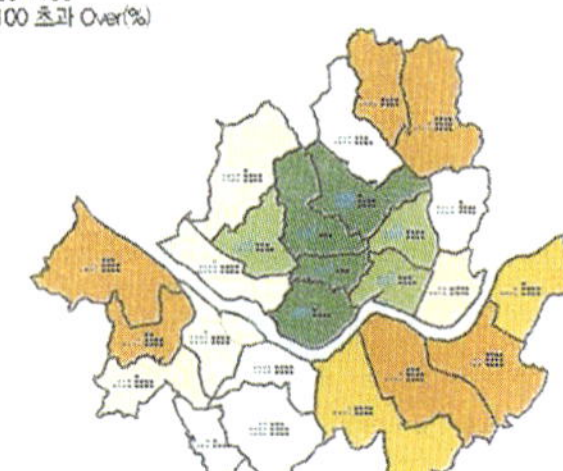

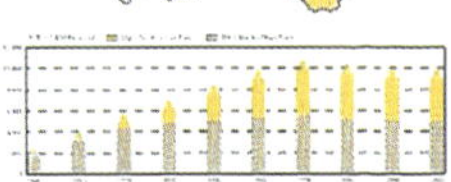

강남·강북인구 1960-2005

Population Growth: South and North of Han River, 1960-2005

DENSITY

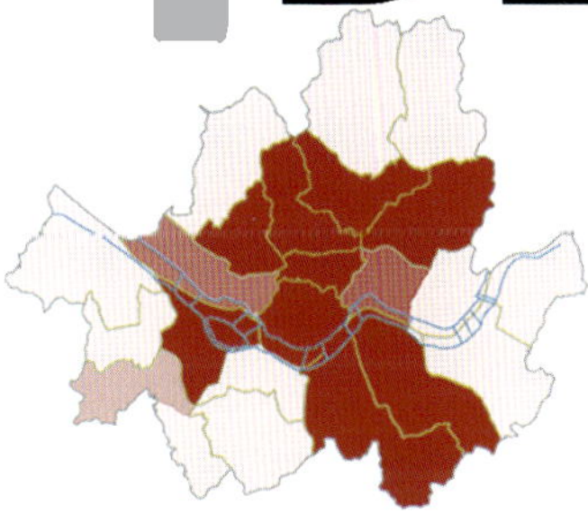

주간인구밀도

low high

도로체계

버스 라인 분석의 의의

그 뿐만 아니다. 강남역을 걸어서 이용할 수 있는 아파트 단지는 11개 단지, 6,700여 가구로 어린 아이부터 노인까지 다양한 연령대의 사람들이 들릴 수 있는 근거리 지역에도 통행하는 버스들을 조사하여 어디서 인구가 수송되는지도 살펴볼 필요가 있으며, 그것이 20~40대의 학생들과 회사원. 강남역은 테헤란로와 맞닿아 있어 각종 학원과 빌딩들이 들어서 있는 이곳에서 배우고 근무하는 학생과 직장인들은 점심시간에는 식사, 저녁시간에는 음주 및 유흥으로 상권으로 어떻게 연결되는지 단서가 될 수 있으면 했다.

인구밀도 2005

Population Density, 2005

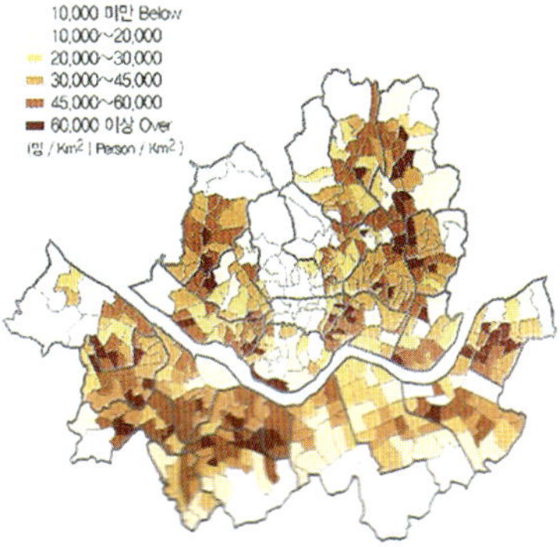

구간 통근지수 2006

Number of Commuters, 2006

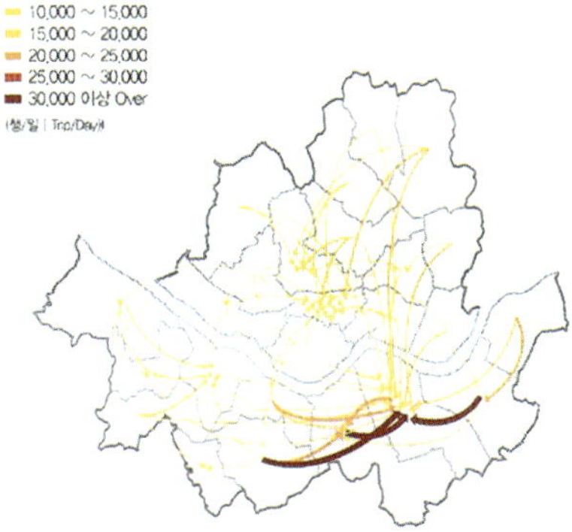

출처 – 서울특별시 전시회 "다시 보는 강남"

강남역 - 버스노선 분석

Intro

강남은 해방 이후 급속히 팽창한 강북과 4대문의 과도한 개발을 저지하기 위해 만들어진 계획도시이다. 철저한 계획 하에 각종 교통은 강남으로 흘러 들어오게 되었고, 이렇게 형성된 '강남' 이라는 이미지는 강남을 설명하는 가장 중요한 요소가 되었다. 이러한 점에서 강남의 교통을 분석하는 것은 반드시 필요하다고 판단하여 조사를 시작하게 되었다.

우리는 몇 가지 버스 노선을 이용하여 강남대로가 서울시부터 주변까지, 그리고 더 나아가 주변 근거리지역의 버스들이 강남역에 어떤 영향을 끼치는지 어떻게 연결되어져 있는지 알아볼 것이다. 그리고 우리나라에서 가장 인구밀도는 매우 낮지만 통근지수는 매우 높은 강남역에 어떻게 인구가 유입이 되는지 단서도 제공할 것이다.

서울 내에서도 다른 지역과 잇기 위하여, 강남역은 강남대로를 중심으로 동쪽으로는 잠실, 서쪽으로는 사당과 이어진다. 또 북쪽으로는 압구정, 남쪽으로는 양재, 분당, 용인 등과 연결된다. 강남역 뿐만이 아니다. 강남대로를 통한 버스의 통행권은 버스 한번만 타면 서울 전 지역 및 수도권 남부 지역에서 접근할 수 있도록 되어 있기에, 역만큼이나 중요하게 다루어 봄직하다.

BUS LINE

강남역을 분석하는 툴

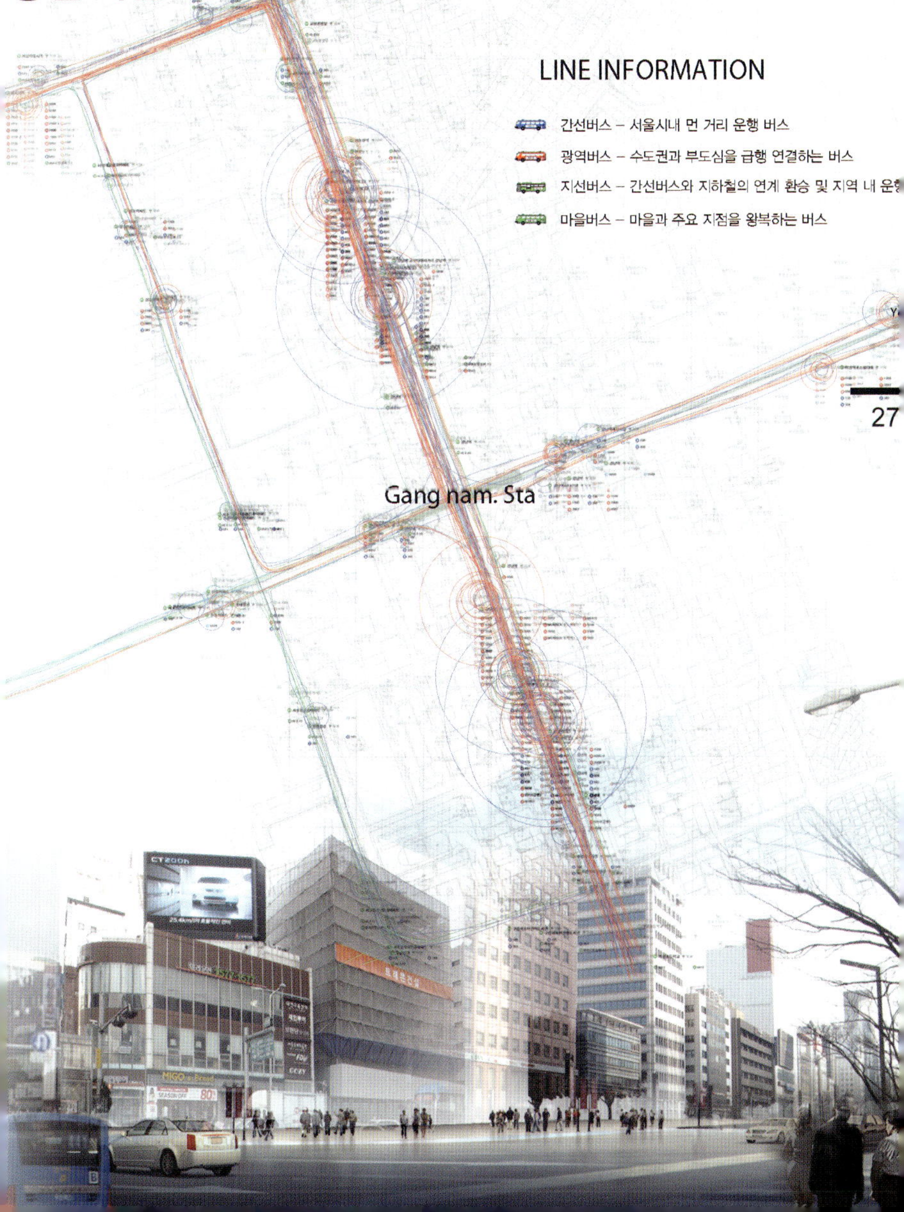

LINE INFORMATION

- 간선버스 – 서울시내 먼 거리 운행 버스
- 광역버스 – 수도권과 부도심을 급행 연결하는 버스
- 지선버스 – 간선버스와 지하철의 연계 환승 및 지역 내 운행
- 마을버스 – 마을과 주요 지점을 왕복하는 버스

BIRTH

강남역 – 강남역 주변의 변화

강남대로 주변건물들의 준공일을 통하여 어느시기에 해당지역이번화하였고 더나아가 경기의 활성화시기와 침체기를 추정해볼수있으며 강남역의 어느위치가 새롭개조성되어 강남역주변을방문하는 고객들에게 새로움을 더해줄수있는지알수있다.

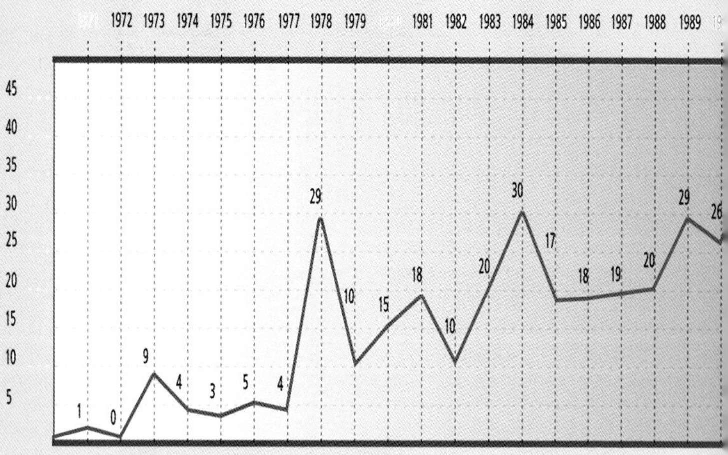

강남은 지난 40년 동안 빠르게 변화하였다.

1960년 중반 이후 고도의 경제성장과 함께 시작된 급격한 도시화 현상으로 강북지역을 중심으로 야기되었던 기존 도심의 과도한 집중과 주택난을 완화하기 위해 신 개발 정책에 의하여 강남일대가 개발되었다. 60년대 개발이전의 강남은 한강 주변으로는 논이 대부분이었고, 서울에서 삼남지방 (충청남북도, 전라남북도, 경상남북도)으로 이어지는 길목을 따라 작은 마을들이 형성되었다. 그러나 근대화 이후 철도가 부설되면서 마을들이 점차 사라져갔다.

1970년대 개발초기의 강남지역은 주거 지로서의 성격을 띠게 되었다. 주거 시설은 70년대 후반부터 고밀도 주거시설인 아파트의 입지가 많아지게 되었다. 이러한 고밀도 주거시설의 필요에 의해 근린상업시설이 들어서게 되었고, 그 결과로 70년 대 후반 강남역 일대를 비롯한 강남 지역은 주거기능과 근린상업, 종합상업기능이 특화된 신흥 중산층 주거지역으로 발전하였다.

그러나 주거기능을 주로 담당했던 강남역일대는 70년대 이후로 주거시설이 지속적으로 줄어들게 되었고, 80년대에 이르러 상업과 업무지역으로 변모하게 되었다.

F THE BUILDING

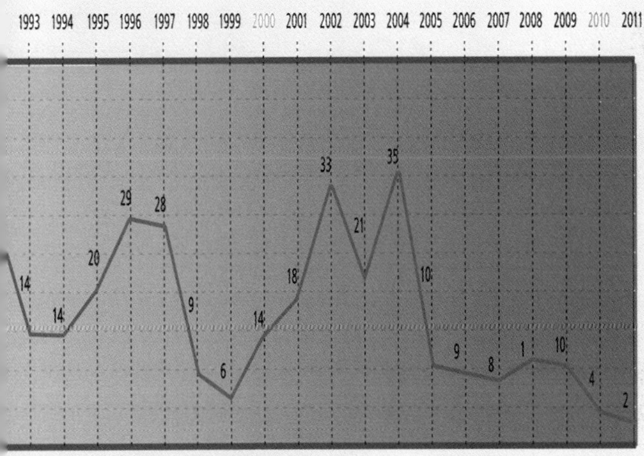

1980년대 후반 상업 및 업무기능이 급격히 증가하여 현재는 서울의 부도심으로서의 역할을 하고 있다.

1990년대 후반 이후부터는 강남역 북쪽을 중심으로 유흥시설이 급격히 확대되어 업무시설로 쓰던 건물들이 상업시설로 용도변경을 통해 북동쪽의 주거지까지 상업시설이 확산되었다.

우리가 그려낸 그래프는 강남의 단편적인 예로 조사하였으며, 그래프에서도 알 수 있듯 이 90년대 후반 1991, 2004, 2002년 순서로 건물이 가장 지어졌음을 알 수 있다.
2000년대가 되면서 새롭게 생겨난 건물들 중에는 기존의 분할되어 있던 대지들을 병합하여 대형건물이 생겨나고 있음도 확인할 수 있었다. 이런 건물들은 대부분 업무시설로 교보강남타워, 삼성전자서초사옥, urban hive 등이 있다

강남역 – Grid And Height

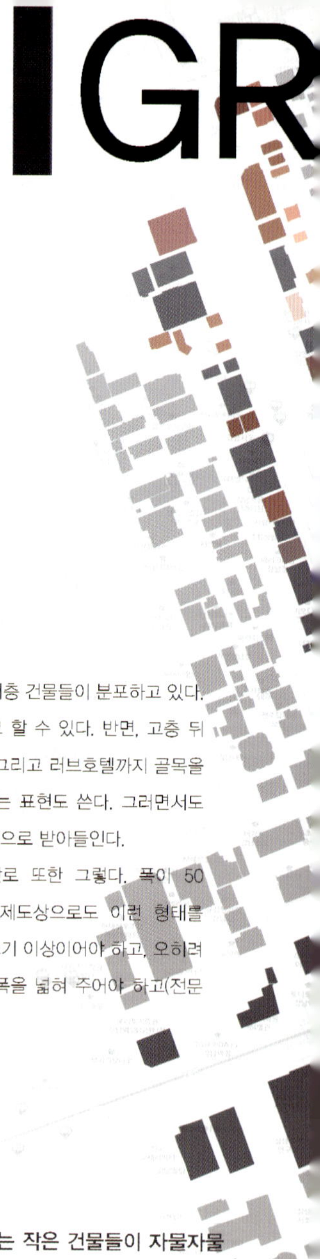

격자도시, "간선(幹線)문화와 이면(異面)문화의 바둑판"

강남역에는 고층 타워들이 줄 맞춰 서고, 바로 뒤 이면도로에는 저층 건물들이 분포하고 있다. 우리 도시 특유의 간선 문화, 신작로(新作路) 문화를 대표한다고 할 수 있다. 반면, 고층 뒤 풍경은 완전히 다르다. 가지각색 레스토랑, 술집, 노래방, 카페, 그리고 러브호텔까지 골목을 가득 메운다. 외국인들은 이 풍경을 신기해 한다. '가면 속'같다는 표현도 쓴다. 그러면서도 우리가 맘 편해 하듯, 그 이면 문화를 지극히 한국적인 서울 풍경으로 받아들인다.

뉴욕의 거리를 '캐년(canyon, 협곡)' 이라 부르는데, 테헤란로 또한 그렇다. 폭이 50미터지만 동서 방향이라 음영이 길게 드리워지는 협곡이다. 제도상으로도 이런 형태를 권했다. 특별도시설계구역인 테헤란로에서는 대지규모도 일정 크기 이상이어야 하고, 오히려 최저 높이 규제가 있고, 건물도 3미터 이상 떨어져 지어 보도 폭을 넓혀 주어야 하고(전문용어로 '셋백'), 건물을 건축선에 맞추어 가지런히 지어야 한다.

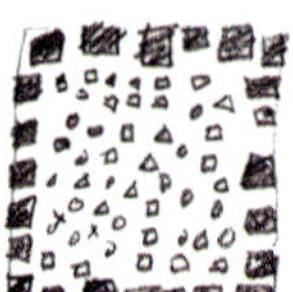

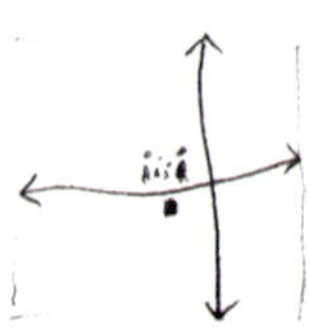

꼭 알을 품고 있는 암탉처럼 큰길가에는 큰 건물이, 안에는 작은 건물들이 자물자물 안겨 있다.

강남은 재미있는 모양을 하고 있는 것이 큰길가에는 대형 건물들이 즐비하게 서 있어 현대도시 모습을 뽐내고 잇지만, 큰길에서 한 켜만 들어가면 온갖 건물, 온갖 사람, 온갖 간판, 온갖 물건들이 엉켜 있는 형국이다.

D & HEIGHT

Gang-nam Analysis

그리드(grid)는 가장 오래된 도시 조영(造營) 기법 중 하나다.
바둑판처럼 격자망을 짜는 방식이다.

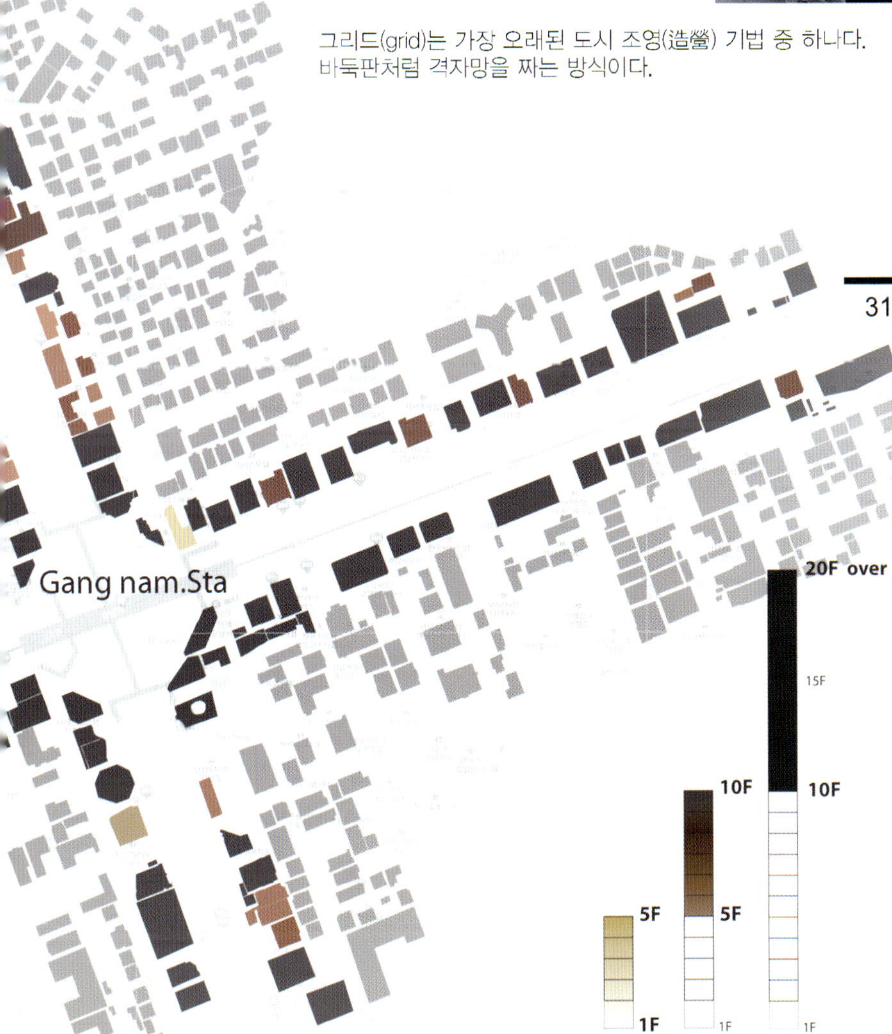

Building Height Colorized Infography

강남역 - Time Cycle of Programs

강남역 상권은 현재 대한민국 최대의 상권이라 불러도 모자람이 없다.

강남지역 내에서는 강남, 삼성, 압구정 상권과 함께 최고의 핵심상권으로 정의할 수 있다. 현재 강남역 상권은 지역적으로 강남구와 서초구의 경계상에 위치하고 있으며, 강북에서 강남을 관통하는 강남대로와 강남대로를 기준으로 서측상권과 동측상권으로 대별된다.

테헤란로를 중심으로 밀집한 업무시설의 직장인들은 강남역 상권에서 강세를 유지하고 있는 주점, 식당, 단란주점 등을 이용하며, 강남역 6번 출구인근의 뉴욕제과에서부터 타워레코드에 이르는 사각형의 구간에는 20대를 주 대상으로 하는 오락, 유흥업소가 집중적으로 발달되어 있고, 제일생명이면 도로로 30대 타깃의 유흥상권까지 확산되어 가고 있다.

이러한 경제발달 흐름과 함께 강남은 불이 꺼지지 않은 지역으로서 다른 지역에 비해 긴 시간동안 운영되고 있다.

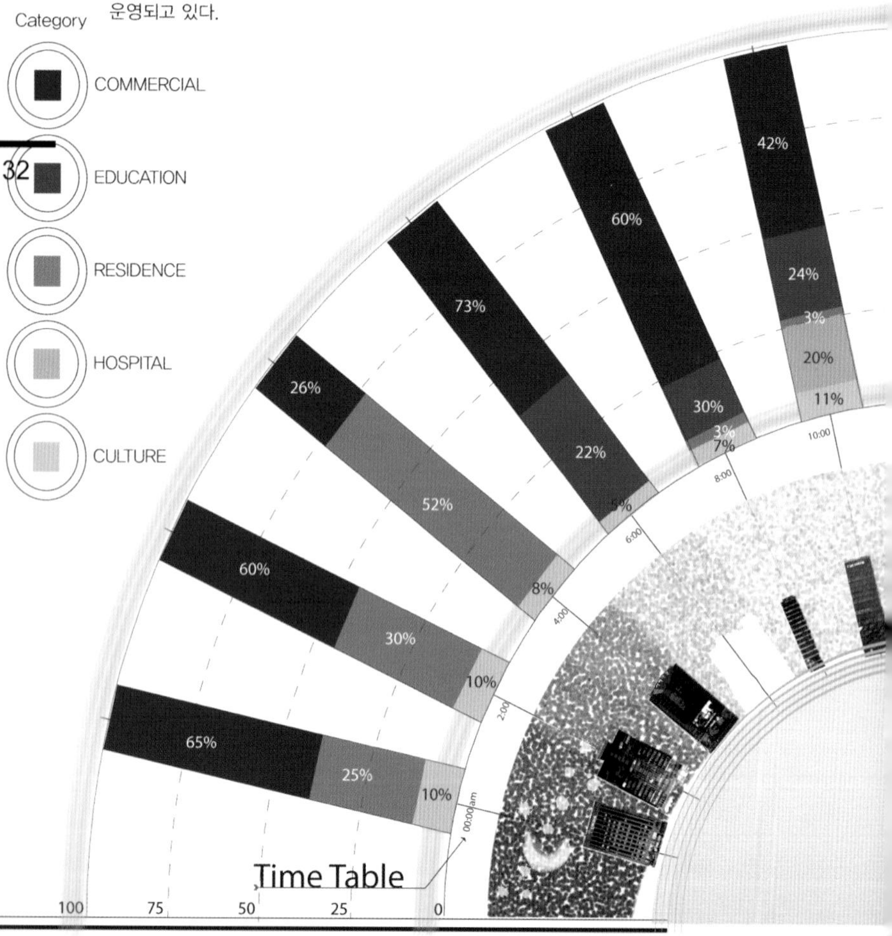

TING PROGRAMS

매출액을 좌우하는 중요한 변수 중 하나는 영업시간이다.

한정된 시간 안에 더 많은 고객이 점포에 들어올수록 매출이 높아진다. 피크타임은 동일업종이라면 지역에 큰 영향 없이 비슷하지만 상권이 특별하게 좋은 지역, 저녁 늦게까지 유동인구가 많은 유흥가를 낀 중심상업지구인 경우라면 다른 지역에 비해서 피크타임이 더 여러 번 나타날 수 있다.
즉 다른 지역에 비해서 피크타임이 많은 상권일수록 상권력이 강한 곳이라고 할 수 있는 것이다.
강남은 모두를 충족하는 지역이다.

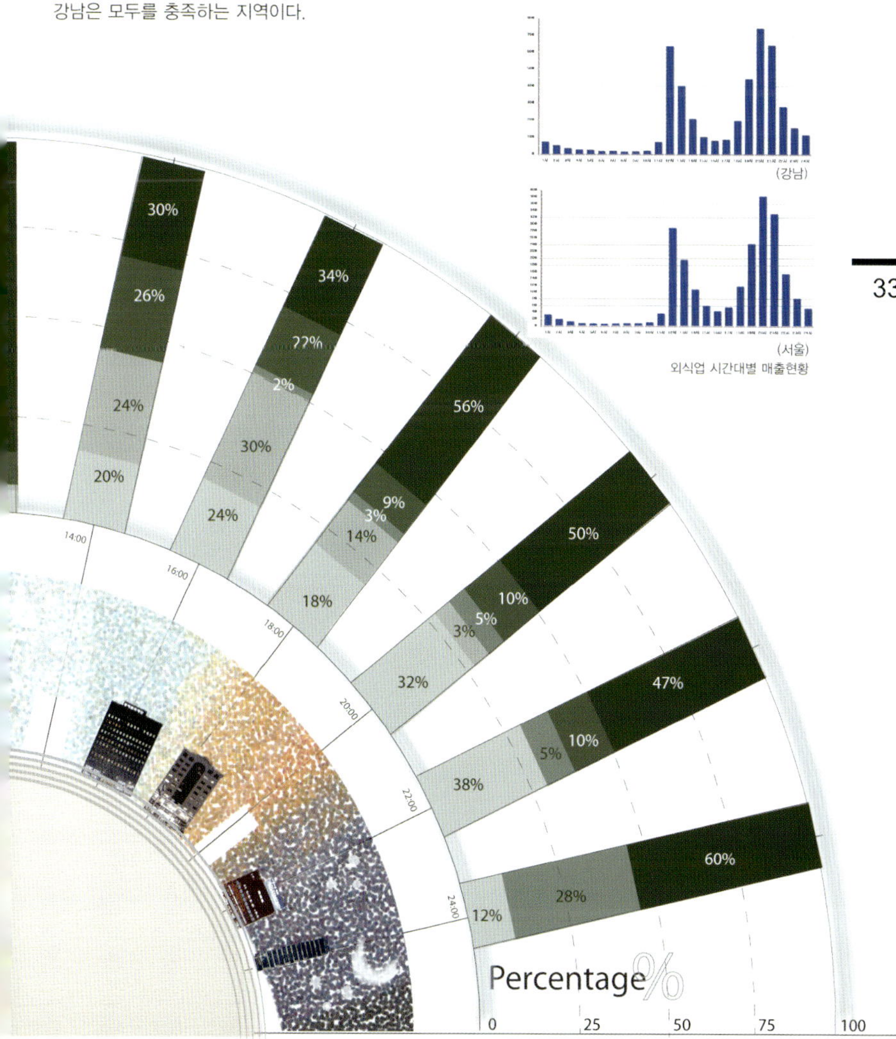

외식업 시간대별 매출현황

▲ 여러 프로그램들이 다양하게 혼재되어 있는 강남역의 풍경

신논현역과 강남역을 있는 강남대로를 중심으로 늘어선 U-street에 위치한 건물의 층별 프로그램을 분석하였다. 강남에는 수많은 프로그램이 뒤섞여 목적성을 갖는 불특정 다수의 사람들이 통과하고, 고밀도화되어 있는 서울의 대표적 도시다. 강남역의 거리에서 대표적으로 U-street을 분석함으로써 강남역에 혼재하는 프로그램을 좀 더 가깝게 접근하고 체계적으로 정리할 수 있었다. 이 조사는 U-street 범위 내에서만 해당하는 것임을 알린다.

먼저, 각 프로그램의 성격을 크게 16가지로 분류하여 분포 비중과 머무는 시간대를 중점적으로 리서치하였다. 분석 결과, 도표에서 보여주듯이 성형외과, 치과, 피부과 등등의 병원과 사무실의 비율이 반 이상을 차지하고 있었으며 그 다음으로 학원가, 식당, 상점 등등의 순으로 분포되어 있었다.

'머무는 시간대'에 대한 조사의 목적은 분석한 프로그램을 바탕으로 사람들의 행태 또한 그 프로그램에 순응하여 활성화되고 있는 지에 대해 알고자함이다. 주 업무가 이루어지는 사무실이 머무는 시간이 가장 높았고, 다음으로 학원, 극장, 병원 순으로 나타나는 것을 보아, 결과적으로 사람들의 분포비중이 높은 프로그램에 역시 사람들의 이용과 머무는 시간대 또한 높은 것으로 나타났다.

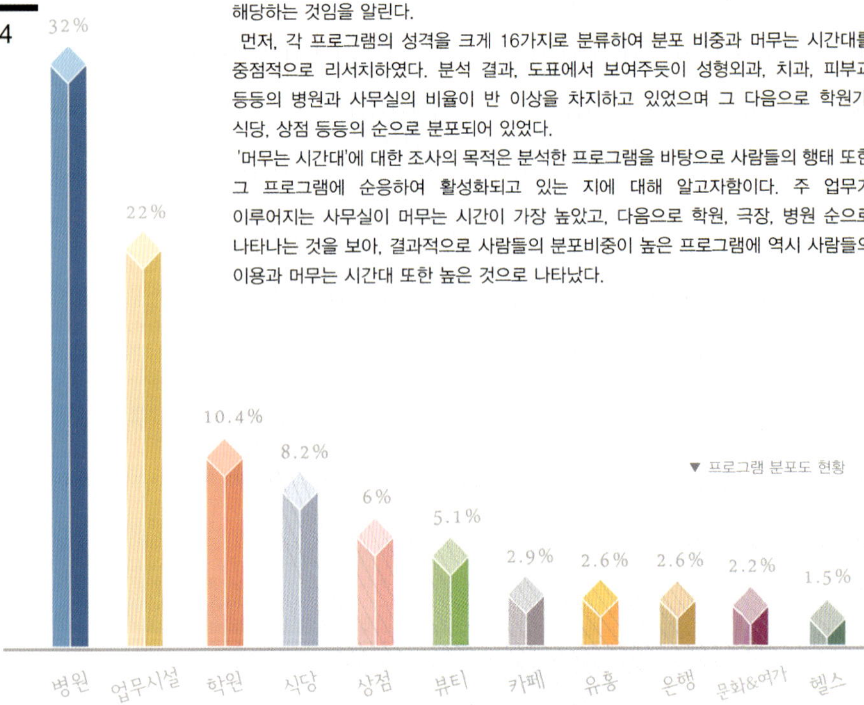

▼ 프로그램 분포도 현황

DURATION

▲ 프로그램별 비중 및 머무는 시간대

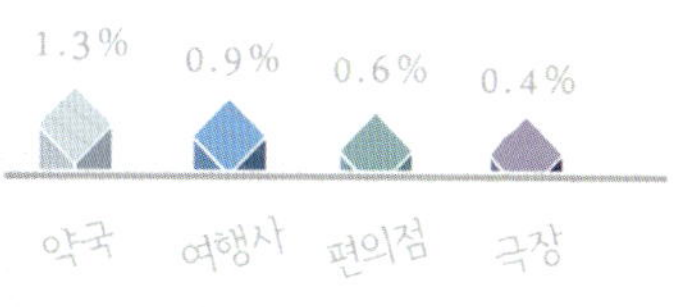

상업을 빼놓고 이야기될 수 없는 강남역의 상업프로그램의 종류와 머무는 비중을 조사하면서 강남역을 방문하는 사람들의 주 목적과 행태에 대해 좀 더 정확히 수치적으로 알 수 있는 계기가 되었다. 프로그램군은 대로변과 대로에서 블록 안쪽으로 들어갈 수록 그 성격이 약간씩 다름을 알 수 있었다. 이번 조사에서는 대로변을 중심으로 조사해보았다.

강남역 – Programs

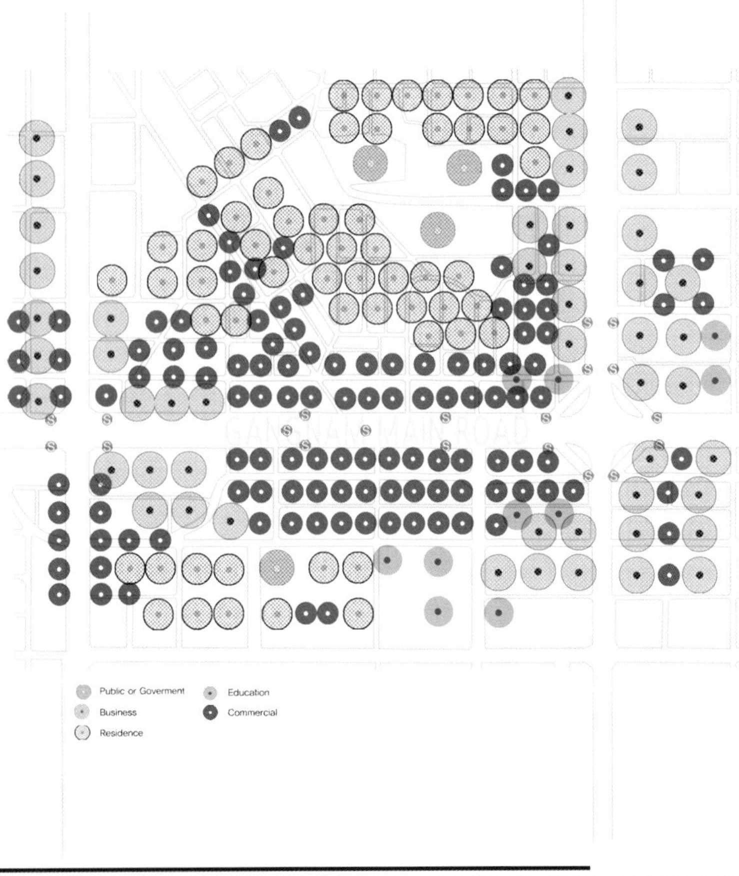

COMMERCIAL BOUNDARY

강남대로부근의 여러 혼재된 시설군들.. 한시설(건물) 안에서조차 혼재된 다양한 프로그램들 .. 하지만 길의성격에따라 사람들의이용빈도가 높은 건물안의 특정프로그램이존재한다. 그리고 이것은 길의 성격을 만든다.. 그리고 또다시 이길은 건물의 성격을만든다. 서로 마주하는 길과 건물은 서로의 성격을 만들어간다. FEEDBACK ...

건물은 수명이다하면새롭게 태어난다.. 그리고 새로태어난 이건물은 지나가는 사람들로 하여금 호기심을 자극하고 이 건물은 새로운 길의성격을 만들어간다. 시간이 지나면서 마주하는 길은 새로운성격을 부여받고 주변건물에게도 새로운 성격을 부여한다.. SPREAD ...

상권의 확장(길⇒거리)

강남대로 주변의 상권은 포화상태이다. 기존 주거시설로의 상권침투가 현실이다.

오피스 학원 병원 상업 서비스 등 다양한 성격의 공간을 가지고 있는 강남역주변 공간들은 어떤 한 개인이 목적을 가지고 방문하는 일시적인 공간으로 장시간 머무를 경우 하루에 인간이 기본적으로 필요로 하는 의식주 중에 '식' 을 해결할 공간인 음식점, 카페, 패스트푸드, 유흥업소 등의 상업시설들이 성장하게 된다. 이러한 상업시설들이 공생의 관계를 형성하면서 이러한 '식' 의 시설이 확보된 강남역 주변 공간으로 사람이 모이기 좋은 장소가 되었고 연이어 편리한 교통 인프라가 구축되었다. 사람들이 모이기에 충분한 요건이 갖추어진 이곳 강남역 일대는 업무 학원등의 시설들이 위치하기에 더욱 좋은 상황이 되었기에 건물의 수직적 공간확보가 이루어졌으며 강남역버스정류장은 경기도일대 버스의 최종정류장이므로 유동인구량이 계속 증가하게되었다. 때문에 강남역일대 상권의 확장은 계속이루어졌고 이는 주거지역까지의 상권확장이 이루어지는 이유이다.

도로에 면해있는 인도를 거닐면서 면접해있는 건물을 지날 때 우리의 시선(EYE LEVEL)은 해당건물의 일층에 한정된다. 건물의 주용도가 오피스 이더라도 해당건물 일층의 용도가 패스트푸드점으로 쓰인다면 건물 앞 길의 성격은 길을 지나가는 사람에게 패스트푸드점의 성격이 강하게 인식된다. 때문에 건물의 1층의 용도는 길의 성격을 정의할 수 있다. 이렇게 형성된 길의성격은 거리의 성격으로 확장되고 인근 건물로 영향을 미쳐서 거리의성격을 더욱 명확하게 정의하게된다. 이 거리의 성격은 다른 성격을 띄고 있는 거리로 까지 침투하여 성격을 변화시킨다.

ON WID

강남역 – The Gap

틈이 많은 도시 강남,
강남은 유동인구가 많기 때문에 틈 자체가 공간이자 문화로 작용한다.

강남의 틈

틈: 1 . 벌어져 사이가 난 자리.
 2 . 모여 있는 사람의 속.

그 틈은 세가지 유형으로 나눌 수 있다.

1. 길로의 틈

강남의 틈은 아주 좁은 틈과 그보다 조금 더 큰 틈이 존재한다.

아주 좁은 틈: 1차선 도로와 사람들이 지나가는 틈, 또는 사람만 지나다니는 틈, 주로 이곳은 사람들의 공간이다. 그래서인지 길과 접해있는 강남의 저층부의 상점 입면은 넓은 쇼윈도를 가지고 있다.

조금 더 큰 틈: 4차원 도로와 사람들이 지나가는 틈 , 조금 더 넓어진 틈에는 아주 작은 상점들(가판상점)이 자리하면서 강남의 문화를 만들어 가는 요소로 작용하고 있다. 유동인구가 가장 많은 시간에는 이공간은 매우 활발한 강남문화공간이 된다.

(물론, 더 큰 틈도 존재 한다.)

2. 건물 사이에 존재하는 건물 지하로 들어가는 틈, 그리고 지상으로 이어지는 틈.

(건물과 건물 사이의 틈과 건물자체에서의 틈도 같이 본다.)

건물 사이에 존재하는 건물 지하로 들어가는 틈 : 이는 건물 아래로 이어지는 길의 확장이다. 길에서 바로 지하층과 접할 수 있기 때문에 지하 공간도 활발하게 사용되고 있다.

지상으로 이어지는 틈: 강남은 복 층으로 연결된 공간도 종종 있다. 이는 길에서 지상 층으로 바로 연결되면서 저층부의 확장으로 상업공간의 영역을 넓힌다.

3. 액자로의 틈.

이틈은 자동차도 사람도 지나 갈수 없는 건물과 건물 사이의 틈이다. 유동인구가 많은 강남은 이틈 자체가 액자로의 틈으로 작용하기도 한다.

TH & SET-BACK

Set-Back (강남의 광장)

광장: 1 . 많은 사람이 모일 수 있게 거리에 만들어 놓은, 넓은 빈터.
2 . 여러 사람이 뜻을 같이하여 만나거나 모일 수 있는 자리를 비유적으로 이르는 말.

이탈리아에는 앉아서 쉬어가는 넓은 광장이 존재한다면, 강남에는 길 자체로의 광장과 조금 더 setback 된 광장이 존재한다.

유동인구가 많은 강남은 그 사람들이 지나는 길 자체가 공간이자 문화를 가지고 있다. 길에서 친구를 기다리거나 만나는 만남의 장소로 작용하기도 하고, 조금 더 setback 된 공간에서는 건물 밖으로 연장된 노천카페로 활용 되기도 한다. 또, 상점의 연장선으로 작용하기도 하고, 활기찬 무대로 활용되기도 한다.

공짜공간
(백화점과의 개념과는 다르다.)
1. 개인 커피숍에서 이야기를 하다가 주인아주머니의 눈총을 받고 나와서 커피도 시키지 않고, 다른 큰 카페 2층으로 올라가서 2시간 동안 이야기만 더 하다가 나온 적이 있다.
2. 복 층으로 된, 넓은 옷 가게 안에서 자유롭게 구경만하고 나온 적이 많다.
3. 화장실도 자유롭게 이용이 가능하다.

영역이 커지면서 그만큼 공짜 아닌 공짜영역도 커진다. 이는 유동인구가 많은 강남에서 일어나는 일이기도 하고 큰 도시에서 일어나는 일이기도 하다. 하지만 공간이 커져서 생기는 공간은 아니다. 유동인구가 많은 강남에서 더 크고 활발하게 일어난다. 또, 길에서 바로 연결되는 틈들이 많고, setback 된 공간이 이를 더 자유롭게 만들어 준다.

Set-Back의 활용

BIGNESS
MEDIUMNESS
SMALLNESS

Projects of Gangnam Station

VERTICAL

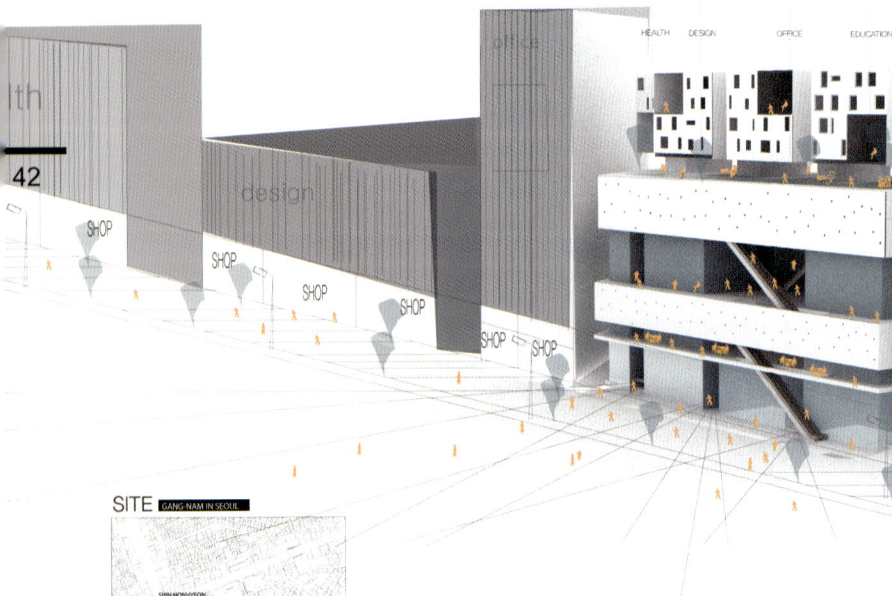

SITE GANG-NAM IN SEOUL

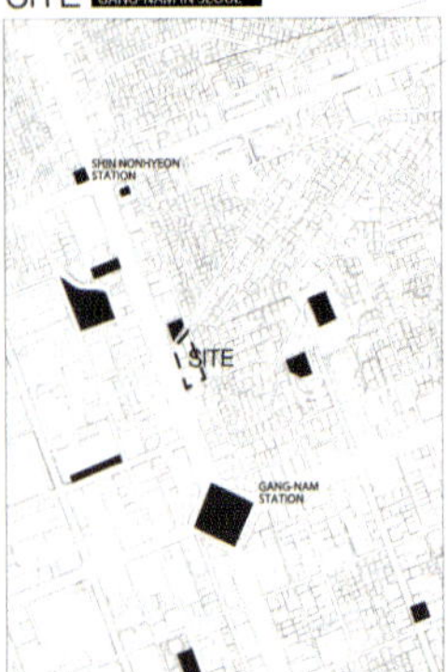

주제 : (skin off : 강남의 공간사용패턴이 스킨을 벗기고, 주변과의 상호작용은 가로의 직적 확장으로 이어진다.)

유형 : 상업시설 (health, shop, office, education, museum, library)+house

위치 : 현 점프밀라노 포함 (서울특별시 강남구 역삼동 815~4, 815-7~10)

면적 : 4060.3㎡

건폐율 및 용적율 : 건폐율 60%, 용적율 800%

BEEHIVE

PROJECT 1. 수직적 확장

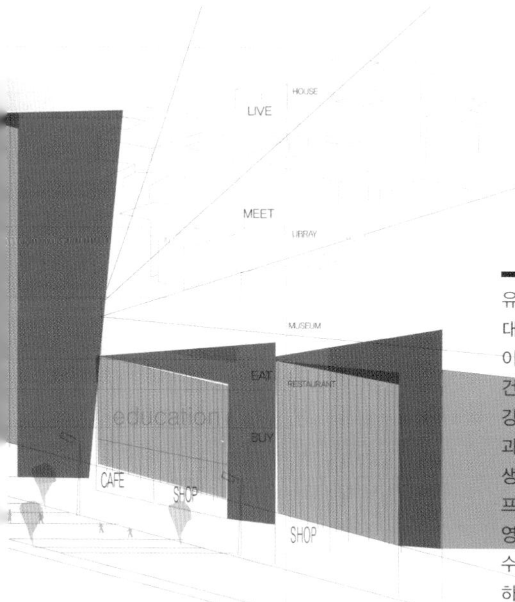

이세연 Lee, se-yeon

유동인구로 가득한 강남. 하지만 그 유동인구의 대부분이 사용하는 패턴을 살펴보면 거의 저층부이며, 비중은 상업이 가장크다. 그중 유독 건물보다 건물밖이 더 활발한 곳 (점프밀라노)도 있다. 이런 강남의 공간사용 패턴을 분석하여 건물화 하는 과정에서 스킨오프(안에 매스들은 살아 있다.)를 생각하게 되었고, 이로인해 눈에 보이지 않았던 프로그램들의 연결성에 대한 재배열을 통해 저층부의 영역을 넓히고(1층의 시각적 공간적 확장) 가로의 수직적인 확장을 통해 그 공간의 활용도를 높히려고 하였다.

Gangnam is full to floating population. But the majority of floating population use ground floor. Ground floor is mainly commerce. among the rest of city, active space exists more outside building than inside building. These space use pattern of Gangnam take off outside layer and rearrange programmatic connection. It make expansive ground floor and vertical expansion of a width.

포괄적인도시-강남

포괄적인 도시란 주로 역사적으로 깊은 연원과 그로부터 연유하는 그 도시만의 독특한 성격들을 그대로 지니고 있는 도시들과는 달리 근대 이후에 새로 개발되어 대개는 그 자체 고유의 정체성을 갖지 못한 '개성 없는' 도시들을 일컫는 말이다. 포괄적인 도시 들은 아시아와 아프리카를 비롯한 비서구권에서 급속도로 개발된 또는 자생적으로 성장한 고밀도의 거대도시들이기도 하다. 포괄적인 도시의 가장 위대한 독창성은 그것이 작동하지 않는 모든 것들을 (과거나 역사에 연연하지 않으므로)간단히 폐기해버린다는 데 있다. 포괄적인 도시는 현재의 가능성을 반영할 뿐이고, 너무 작으면 확장될 뿐이고 너무 오래되면 스스로를 파괴하고 다시 건설할 뿐이다.

[누적도시-봉일범]

포괄적이지 않은 도시-이탈리아

이탈리아는 역사적으로 깊은 연원과 그로부터 연유하는 그 도시만의 독특한 성격들을 그대로 지니고 있는 도시들이 많은 나라이다. 긴 역사를 가지고 있는 도시가 많은 만큼 오래된 역사를 가지고 있는 건물 또한 많다. 이들의 특징은 새로운 건축물을 짓는 일보다 그 건축물을 보전하는데 중점을 둔다.

포괄적인 도시: 짧은 역사를 가지고 있고, 변화의 수용이 유연해야한다.
포괄적이지 않은 도시: 긴 역사를 가지고 있고 변화의 수용 보다는 그 자체로의 보존에 중점을 둔다.

SITE ANALYSIS

ㅏ양한 버스 노선과 지하철의 영향으로 미래가 기대되는 상권
=요업종
·43%: 서비스업 (병의원, 학원, 미용실 등)
33%: 음식/숙박업 (한식당,카페, 주점 등)
·16%: 도소매업(화장품,캐주얼의류,편의점 등)
ᅣ동인구
·지하철 2호선과 테헤란로의 오피스 상권: 직장인 수요자
시간당 4000~9000명 정도의 유동인구.
50%가 20대
ᅧ망
지하철 9호선 개통으로 북쪽 상권으로 점차 확대중
지하철 신분당선 개통 예정으로 유입인구 증가 예상

ᅧ 점프밀라노 포함
ᅥ울특별시 강남구 역삼동 815~4,815-7~10)
ᅵ존 쇼핑몰은 활성화 되지 못하고, 노점상화가 되어 밖으로
ᅡ와 장사를 하고 있다.이는 건물 뒷편도 마찬가지이다.
ᅮ일하게 일반인들에게 활성화 되는 공간은 타로점을 보는
ː점상과 버스정류장에서 볼 수 있는 헬스장이 전부 다. 기타
ᅧ원과 약국 등.

건물뒷편 상황

노점상화+포장마차

ite 선정이유
ᅮ동인구가 많다.
ː랜드의 중심지.
ᅩ통의 중심지.
ᅮ변 학원가와 가깝다.
ᅮ거단지와 학교와도 가깝다.

SITE ISSUE

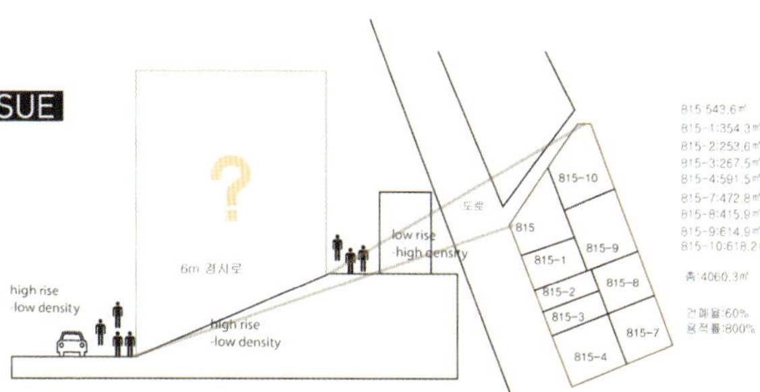

SITE SELECTION REASON

사이트는 유동인구가 많고, 트랜드의 중심지이자 교통의 중심지이다.

...
but

사이트는 활성화되고 있지 않

What is the reason?

WHAT IS THE REASON?

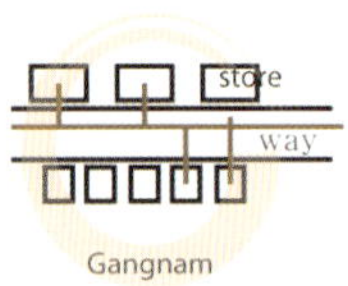

≠

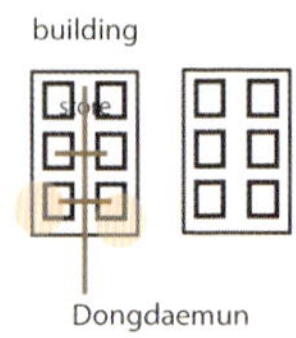

강남의 상업적특징은 길에서 바로 건물로 접근 상점은 모두 장사가 잘된다.

동대문의 상업적특징은 건물안에 상점이있 출입구 주변의 상점이 장사가더 잘된다.

but,

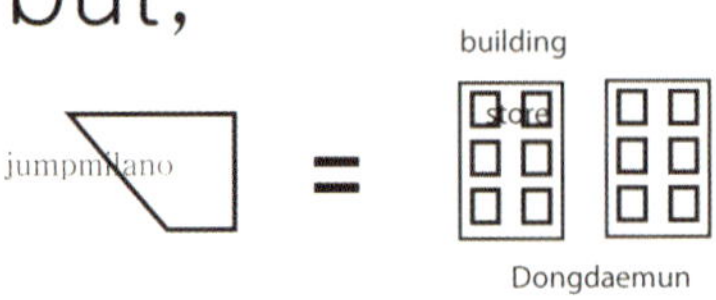

점프밀라노는 동대문과 같은 상업방식 이다.

so

사이트는 활발하지 않다.강남의 상업적 특성 길에서 건물로 바로 접근하는것이다.

DESIGN ISSUE

ISSUE 1 – 강남의 공간사용패턴
길에서 건물로 바로 접근 (매스로)

ISSUE 2 – 스킨을 벗다.
공간사용패턴으로부터 시작

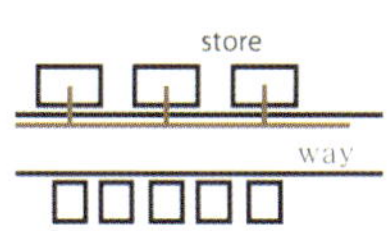

space use pattern of Gangnam

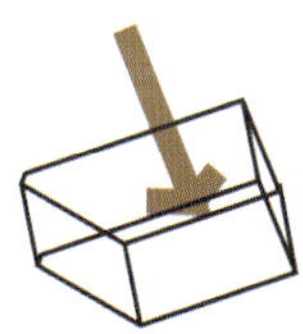

put in buildings

HOW?

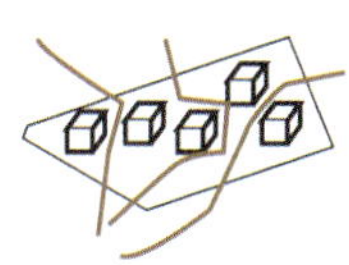

skin off.

ISSUE 3 – 가로의 수직적 확장

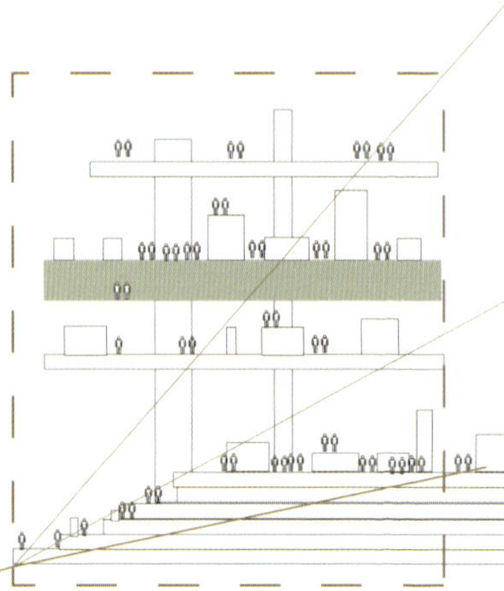

수직적 확장의 움직임

수직적 확장의 움직임, 공공공간에 대한 인식의 변화가 시작되었다.

ISSUE 4 – 저층부 상업공간의 확장

강남은 길에서바로 접근가능한 저층부에 상업이 활발하다.(1층에서 상층부로 연결되는 상업도 활발

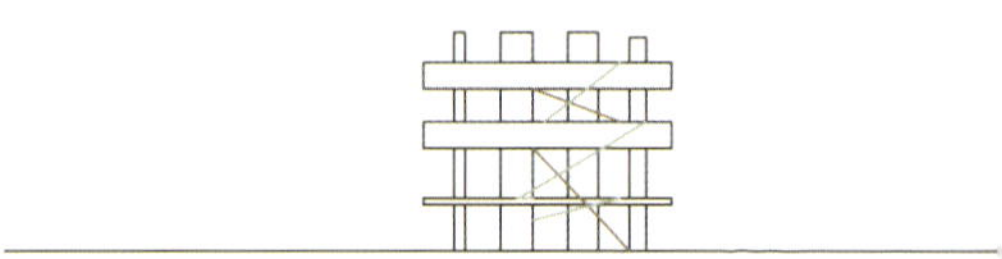

강남의공간 사용패턴을 이용해 저층부의상업공간을 수직적으로 확장한다.

기존 저층부상업공간

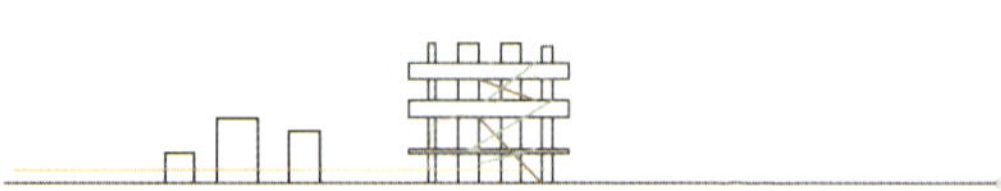

저층부의 상업공간의 수직적확

DESIGN STRATEGY

ISSUE 1 강남의 공간사용 패턴 (길에서 바로접근)
-길에서의 접근방법의 장점은 선택의 다양화이다.

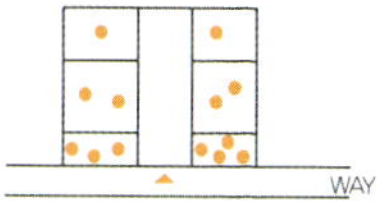

길에 접해 있는 상점만 활발

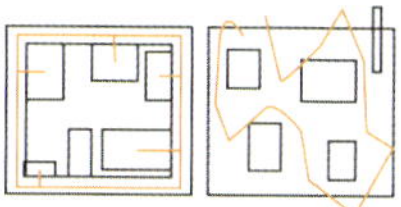

모두 활발, 그리고 선택의 폭도 다양해진다.

접근방식의 장점은 길에서의 선택의 다양화이다.

ISSUE 2 스킨을 벗다.(강남의 공간사용패턴으로부터 시작)
- 강남은 틈이많은 도시이다. 상호작용또한 활발.

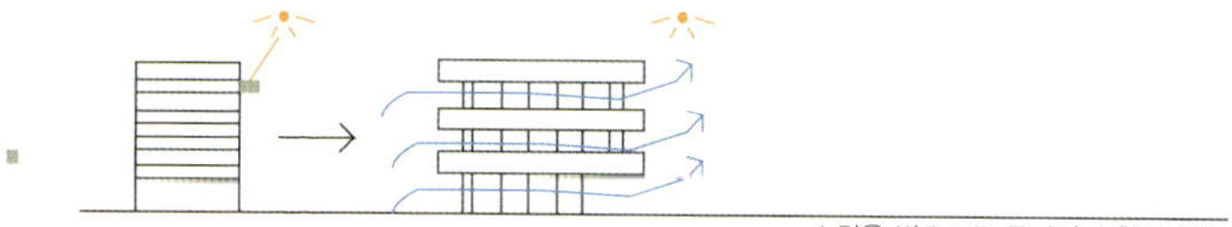

스킨을 벗으므로 공기의 순환이 활발

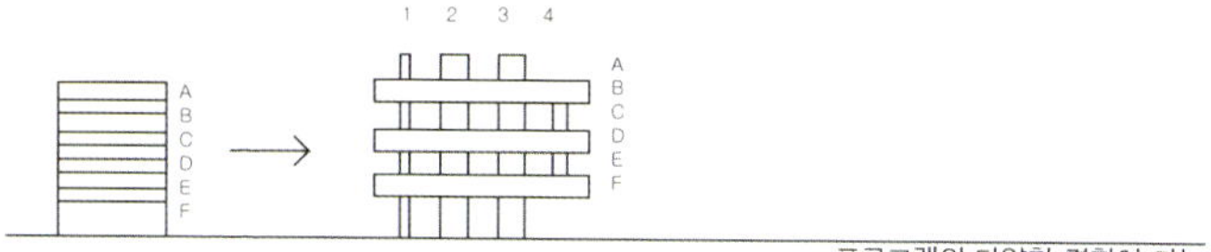

프로그램의 다양한 결합이 가능
(수직,수평 방향 결합)

ISSUE 3 가로의 수직적 확장
-다양한 시간활용도는 공공공간의 연장으로 활용한다.

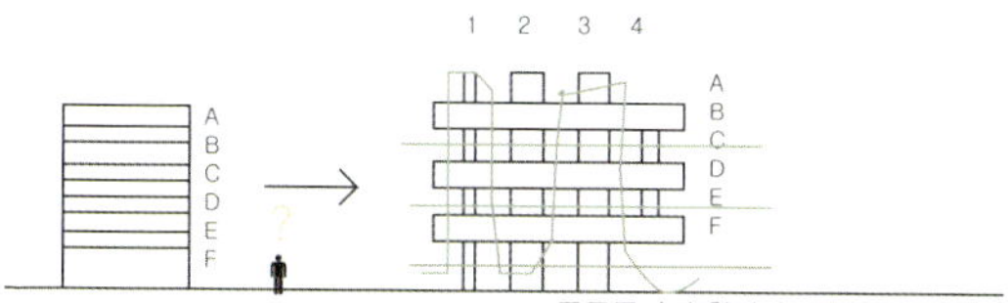

공공공간의 확장과 공유공간이 생김.

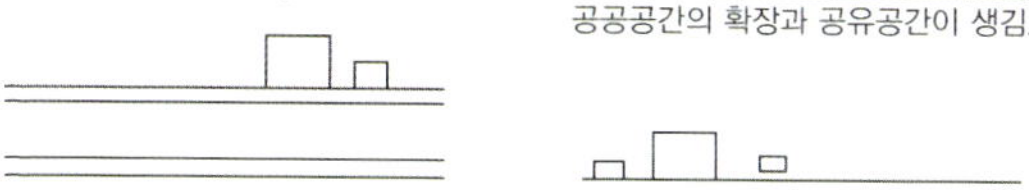

고층에서도 저층의 공간을 느낄수 있음.

PROGRAM PROCESS

수평과 수직의 다른 프로그램들은 만나고, 이는 큰 시너지 효과를 만든다. 다양한 프로그램들은 저층부에 올수있는 동등한 기회를 갖는다.

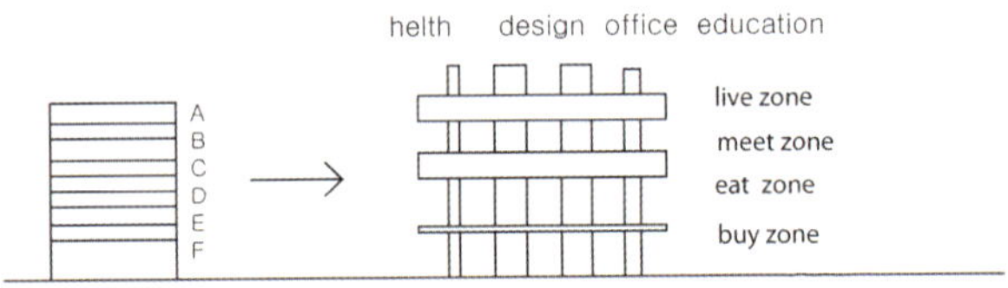

프로그램의 다양한 결합이 가능
(수직,수평 방향 결합)

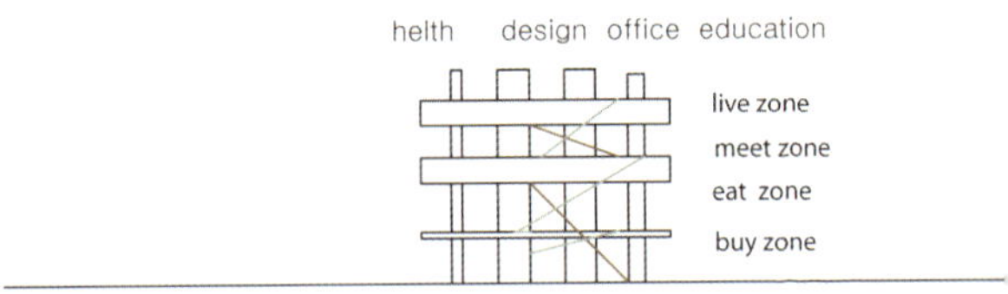

판과판 수평매스와 수평매스 , 그리고 수직에 각각 차별된동선을 둔다.

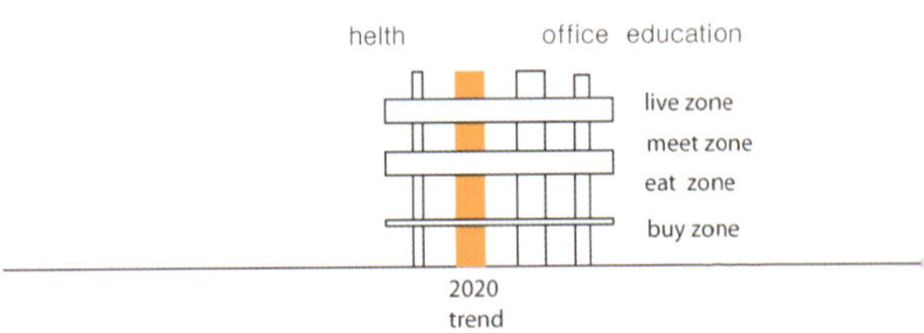

하나의 프로그램은 전체에 영향을 준다.
(프로그램 변화가 많은 강남에 적합한 공간활용 방식)

'방들이 함께 모여 동네를 이룬다'

:방 – 프로그램 혹은 요소들이 모여있는 공간
:동네 – 방들이 모여있는 동네
상업적인 공간이자, 길처럼 공공 공간에 해당된다.

[건축,음악처럼 듣고 미술처럼 보다–서현]

방이든, 건물 안의 프로그램이든 그 요소들이 모여서 하나의 동네를 이룬다. 사람들은 방을 이용하기 위해 동네를 지나가기도 하고 동네에서 머무르기도 한다. 이는 강남에서 벌어지는 일과 비슷하다는 생각이 들었다. 비슷한 방들 혹은 서로 다른 방들이 모여있고, 그곳에 관심이 많은 사람들이 그 방에 모이고, 혹은 그방을 가기위해 그 동네에 모이게 된다.

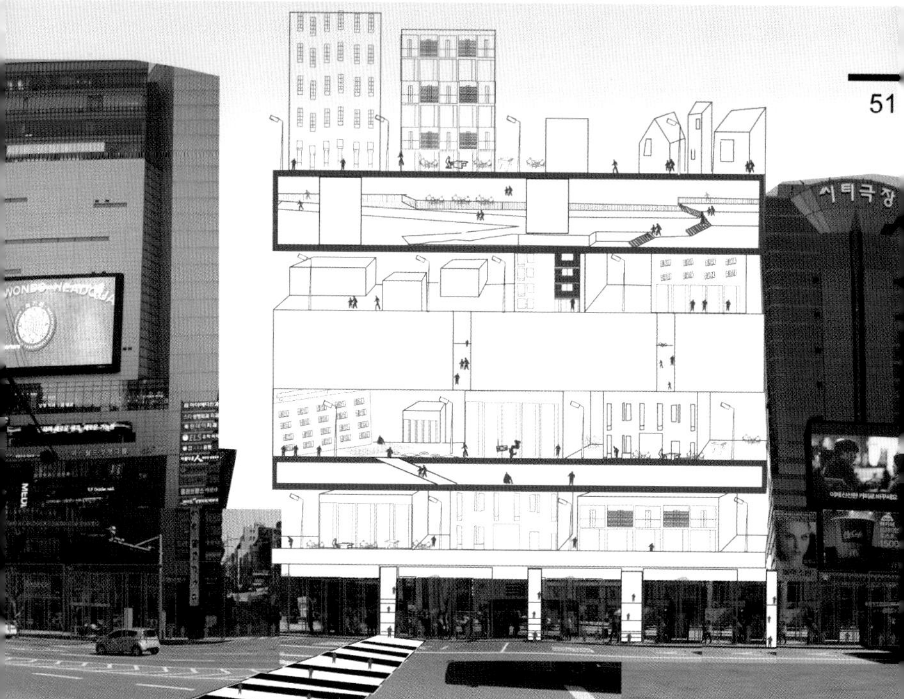

저층부 평면(PLAN) SCALE 1:600

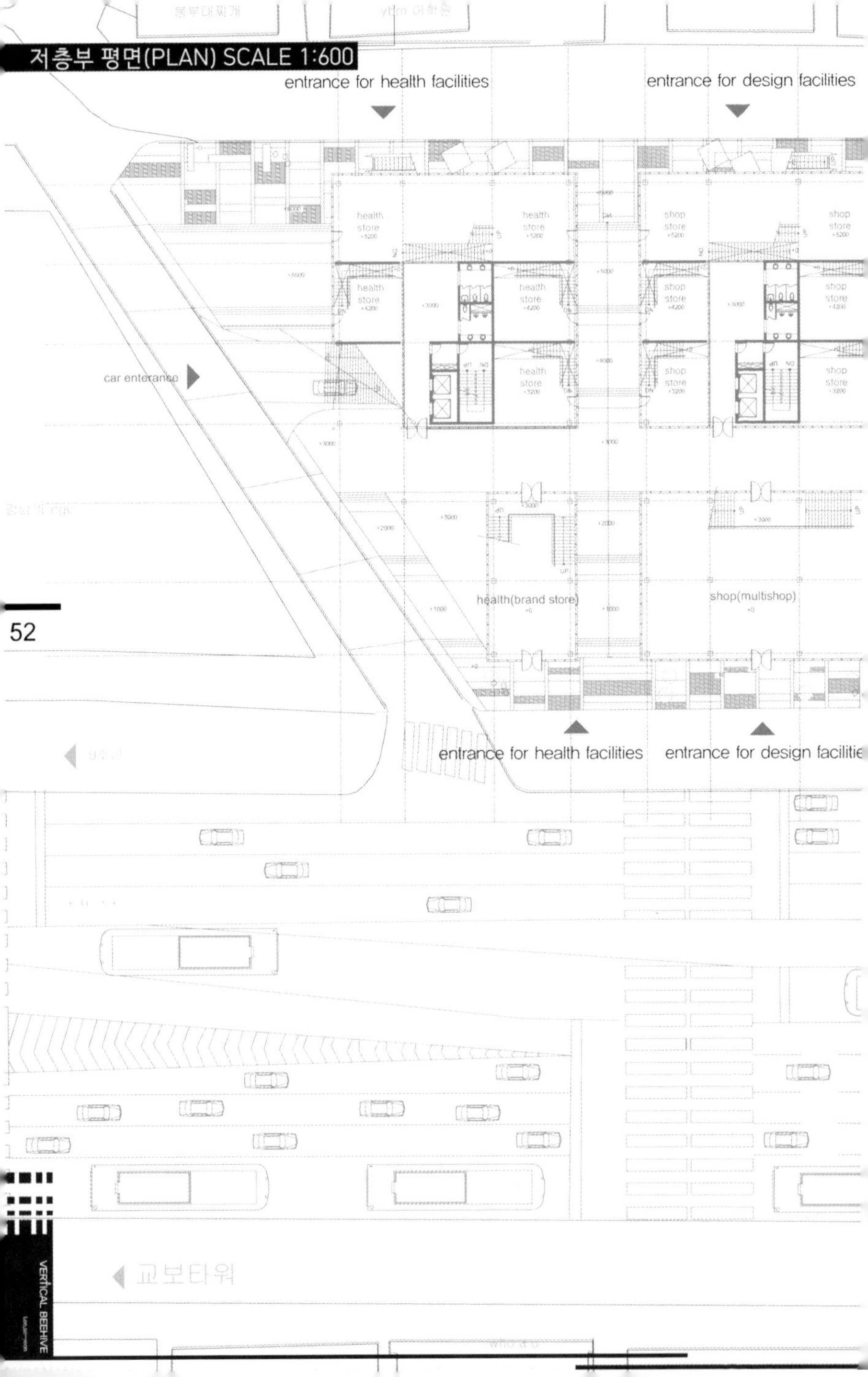

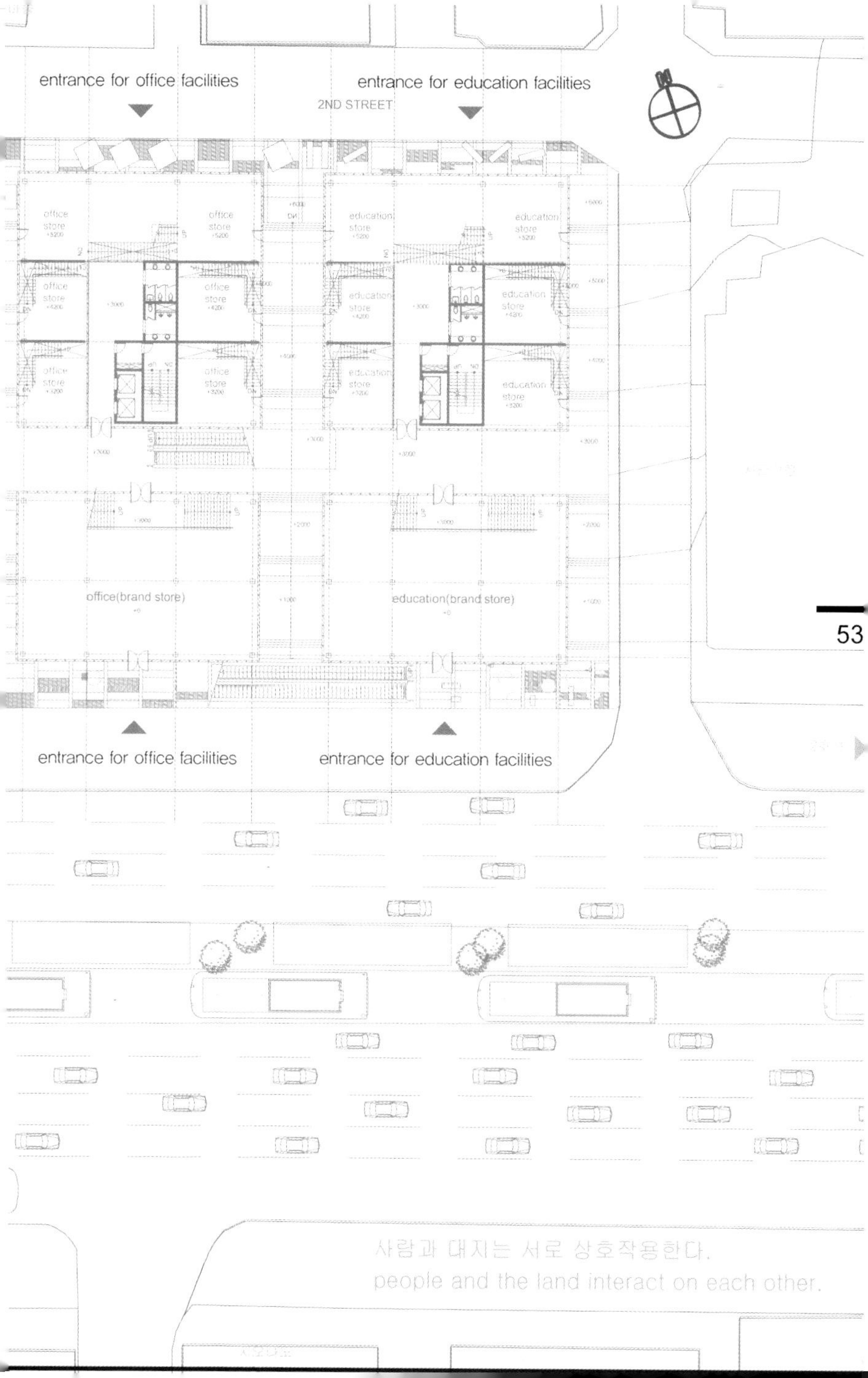

사람과 대지는 서로 상호작용한다.
people and the land interact on each other.

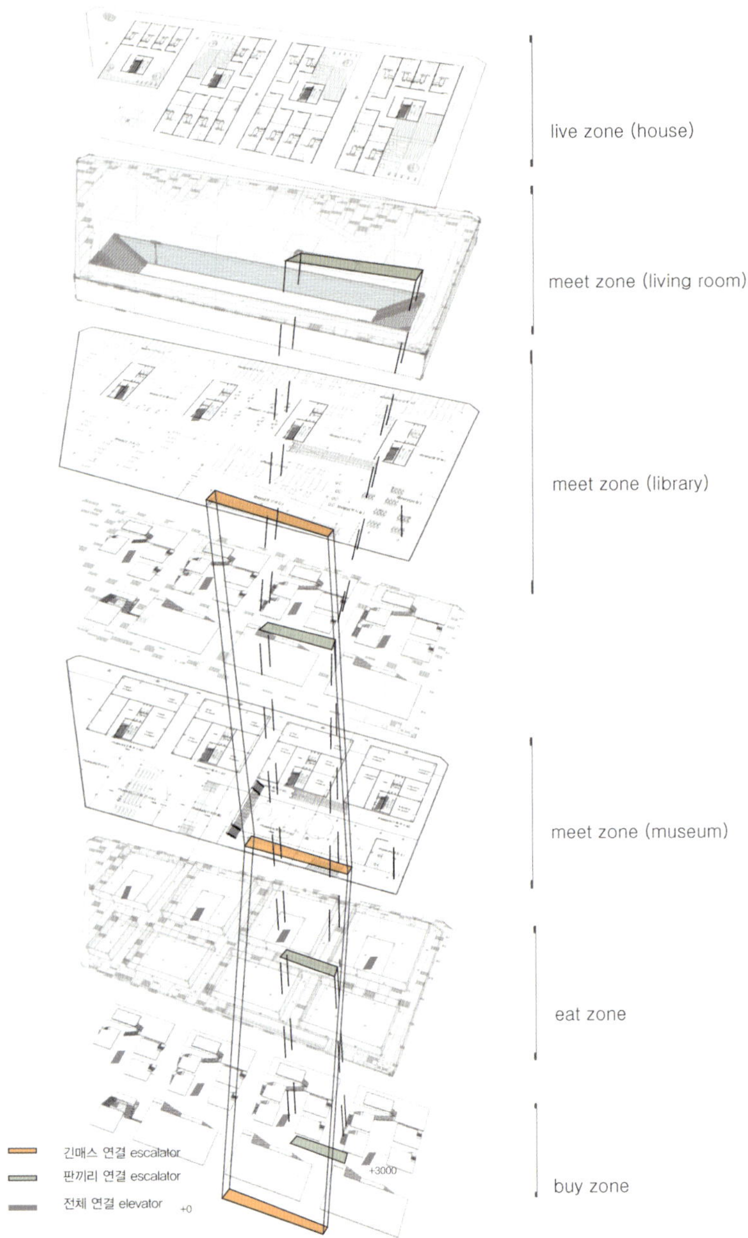
live zone (house)
meet zone (living room)
meet zone (library)
meet zone (museum)
eat zone
buy zone
긴매스 연결 escalator
판끼리 연결 escalator
전체 연결 elevator
+3000
+0

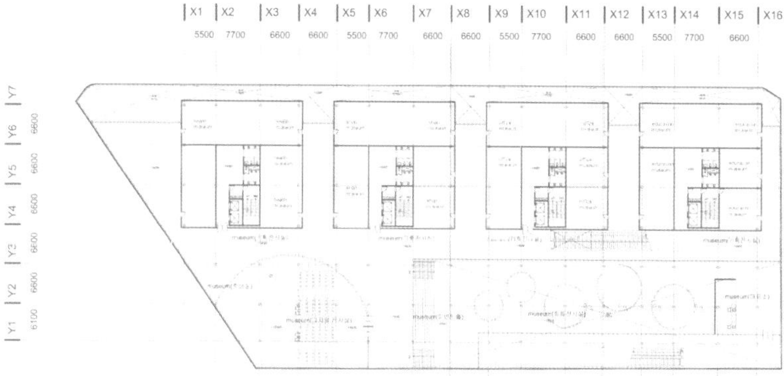

지상 5층 평면도

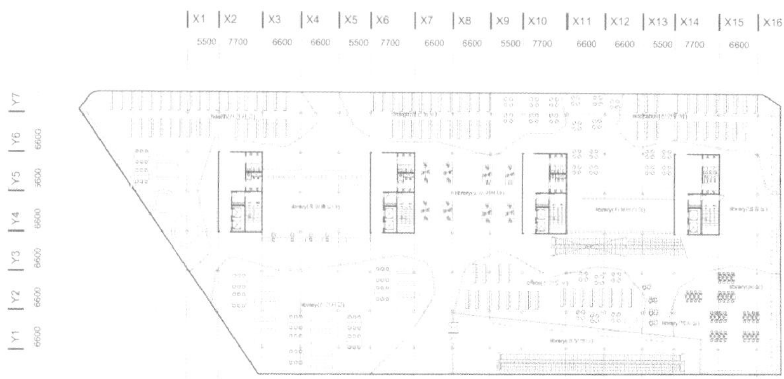

지상 9층 평면도

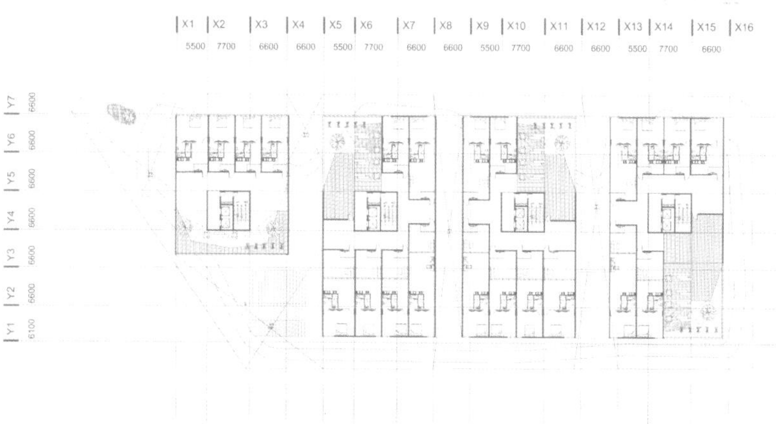

지상 12층 평면도

ELEVATION

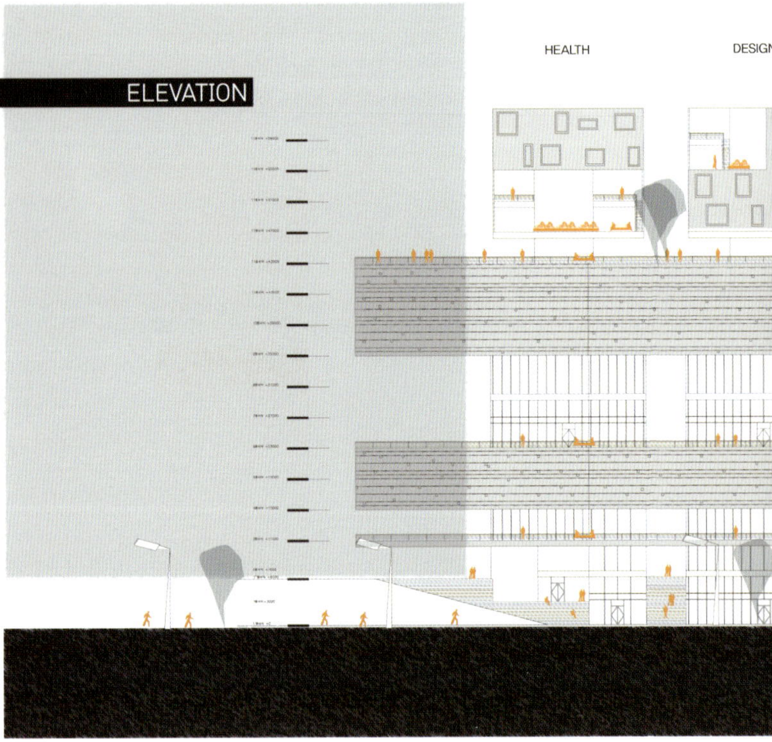

SECTION

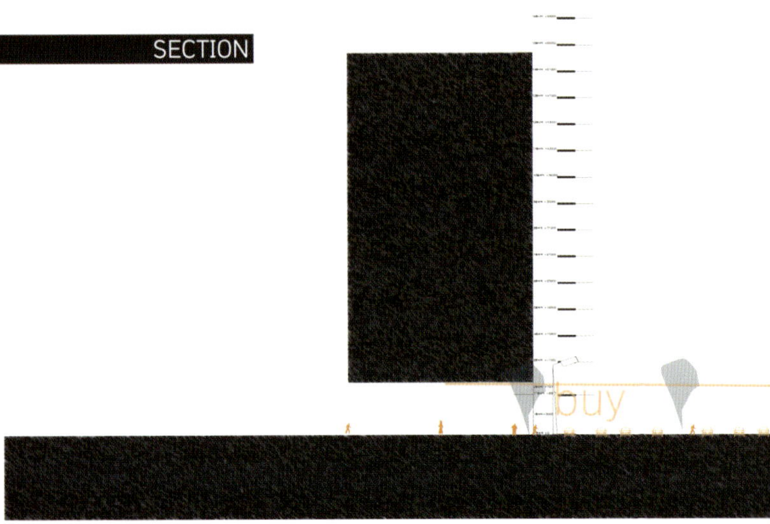

에스컬레이터는 수평존을 연결한다.
수직존은 독립된 동선을 가진다.
모든존은 강남의 공간사용패턴을 유지한다.

The escalator is connected width zone, vertical zone has independent moving line, all zones keep a space use pattern of Gangnam.

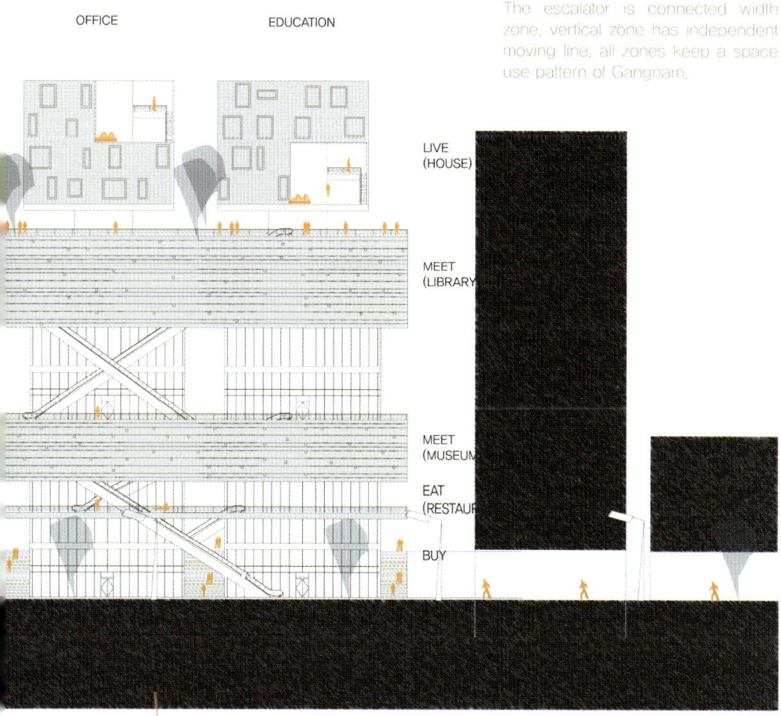

프로그램에서 프로그램, 건물에서 건물, 작은도시에서 큰도시로 확장한다. 스킨오프는 주변 프로그램 사이의 연결성을 높힌다.

From program to program, from building to building, will be expanded from a small city with big city. Skin-off between the around of the program boosts connectivity.

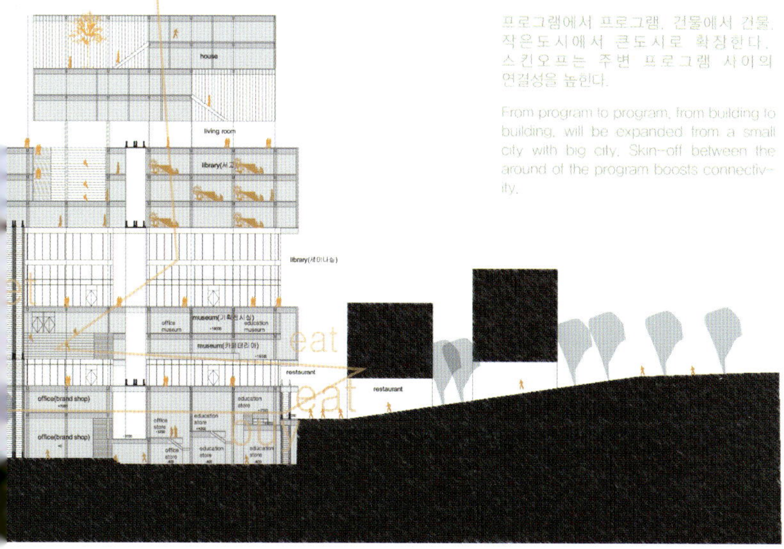

VIEW OF LIVING ROOM

MEDIUM

거대개발과 작은개발사이의 또 다른 가능성

SITE GANG-NAM IN SEOUL

주제 : 대규모 개발의 문제점과 소규모 개발의 한계를
극복할 수 있는 미디엄 건축을 제안

유형 : Mixed Use (Residential Hotel, Library, School, Retail)

위치 : 서울시 서초구 1327번지 일대 1327-(17~24, 34, 51~57)

면적 : 약 40,306m²

건폐율 및 용적율 : 건폐율 62.7%, 용적율 645.6%
(제한 - 건폐율 70% 용적율 700%)

찾아서

ROJECT 2. 거대함과 작음

조영호 Youngho Zoe

사이트 주변의 삼성타운은 대표적인 대규모 개발의 결과에 의해 만들어졌다. 땅이 가지고 있던 길은 사라지고 주변의 모든 건물들을 압도하는 커다란 건물만이 들어섰다. 대규모 개발에 의해 거대한 사무공간이 만들어지고 수 많은 상시거주 인구가 생겼지만 어떻게 된건지 대낮에 삼성타운 주변은 한적하기만 하다. 나는 거대개발이 가지는 문맥의 삭제와 주변과의 단절 그리고 소규모 개발이 가지는 공간활용의 비 효율성등 단점은 최소화 하면서 장점을 가지는 미디엄 건축을 제안한다. 블럭 전체를 개발하는 것이 아니라 일부분은 남겨두고 개발한다. 기존의 사이트가 가지고 있는 문맥을 유지하면서 새로운 문맥을 만들어 낸다. 주변의 기존 건물들과 싸우는 경쟁관계가 아니라 서로가 도움을 주고 받는 공생 관계가 될 수 있다. 기존건물의 서포트로서 새로운 건물이 아니라 새건물의 서포트로서 기존건물들이 존재가능하다.

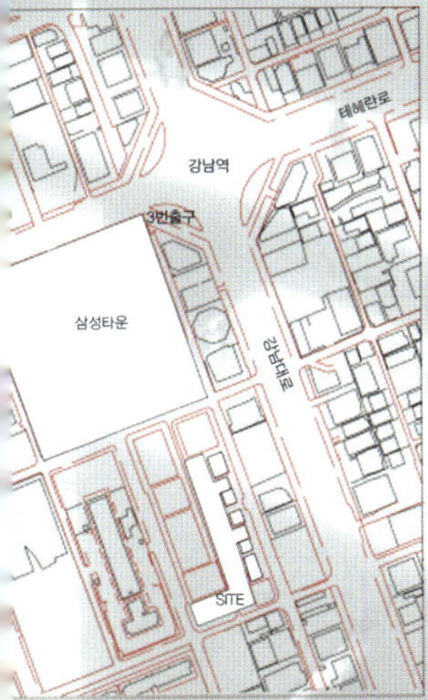

_Big, Small & Medium-ness

_Bigness

1. 크다! (공룡)
2. 이산적인 공간의 경험. (elevator)
3. 내부는 외부와 다르다. (Core ——————————açade)
4. Beyond good or bad.
5. Fuck the context (coexist)

_Smallness

1. 작다! (인간)
2. 순차적인 공간의 경험. (건축적 연결, stair)
3. 외부는 내부의 표현이다. (Core——façade)
4. Good or Bad.
5. Context, Urban tissue.

_Medium-ness

1. 작지도 크지도 않다. (집단)
2. 자동적인 공간의 경험. (기계적인 연결, escalator)
3. 내부는 외부와 거의 같다. (Core——————————façade)

외부 오브제성이 내부 프로그램을 이끈다.

4. Bad but Good. (악(money)을 따르지만 선(인간)을 생각한다.)
5. Following context, Creating context

Rem Koolhaas 와 Bigness

렘 쿨하스는 프로그램을 새롭게 해석하고 그것을 설계에 반영하는 대표적인 건축가이다. 그는 현대사회의 혼란을 인정하고 대도시 문화의 불확정성을 이야기해오고 있다. 그리고 프로그램과 인간의 행위의 예측 불가능한 면과 구조물 내부에 현대사회가 요구하는 복합적인 프로그램을 담아야하는 건축의 상황을 이야기하며 작품을 만들어 왔다.

INTRODUCTION : Mediumness

삼성사옥의 강남역지구를 '무시'하는 행태를 보며 분노를 키운 나는 거의 같은 크기의 대지를 대상으 도시의 문맥에 맞는 건축을 꿈꾸기 시작했다. 나의 해결책은 지상에서부터 적층되는 건축용도와 스케일 조정이다. (물론 이는 일반 임대공간이자 건축가의 의지를 투영하는 privilege가 있다.) 스케일의 수 차등 적용을 통해서 Massive한 매스를 수용하면서도 지상에서의 문맥과 스케일을 무시하지 않고 차근 수직적으로 키워나간다.

내함과 작음

제는 정말 거대하다고 불러야만할 고깃집들, 점점 커지는 대형마트들, 점점 높아지는 건물들, 그들 게서 힘겹게 살아남은 몇몇 작은 가게들, 과거의 전통은 사라지고 점점 새로운 전통만이 만들어진다. 람들의 요구와 시대의 상황을 반영한다지만 갈 길을 읽고 방향을 잃어만 가고 있는 것 같다. 크다, 작다를 나서 이제는 거대함과 작음만이 존재하는것같다.

초 삼성타운은 삼성그룹의 핵심 계열사들이 모여 있는 오피스 단지로 건물 연면적은 110,800m² 이며, 주인원은 2만명에 달한다. A동에는 삼성중공업, B동에는 삼성물산이 입주해 있으며, 최고층인 C동은 성전자가 사용하고 있다. 그 규모나 상주인원으로 보나 주변의 그 어떤 건물들 보다 크다, 거대하다. 세계 일류기업임을 자칭하는 삼성으로서는 당연한 결과이겠지만 정문 입구에 조용하게 작게 서있는 5층짜리 마 윤빌딩을 보면 거대하지만 잔인하다는 표현이 더 적당하리라 생각된다.

OGRAM : 스케일의 적층을 통한 주변 문맥의 적용

보행자 공간에서는 작은 상점들이 자글자글하게 모여 있어서 그들의 스케일에 맞는 이야기를 한다. 람들은 더 편안함을 느낄 수 있고 쉽게 접근할 수 있다. Kiosk는 그들의 이야기와 충돌을 돕는다. 길은 더 아지고 공간은 더 잘게 쪼개진다.

로 올라가게 되면 공간은 합쳐지고 모여서 점점 커진다. 이렇게 커진 공간은 상층부에서는 더욱 커져 변의 거대한 건물들이 가지고 있는 공간들을 가지는 3개의 커다란 프로그램이 들어오게 된다. 동쪽으로 해있는 주거지역을 향해서 영어도서관이, 강남대로 이면도로와 면해있는 방향으로는 기존의 나눠져 변에 흩어져 있던 영어학원이 하나의 커다란 프로그램으로 모이고 영어도서관과 영어학원 사이에 포츠센터가 들어와있다.

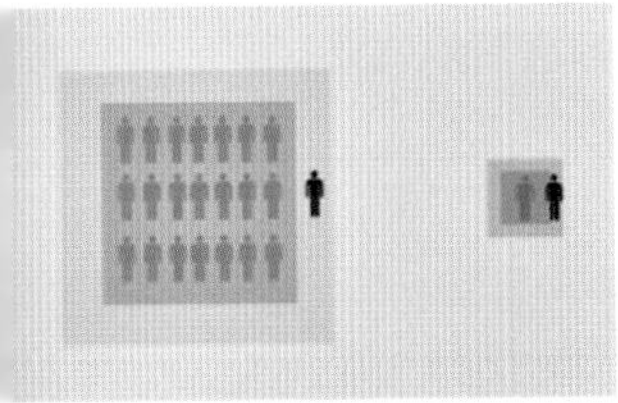

모든 것을 담으려고하는 Bigness

많은 것을담으려고하는 Smallness

gness 삼성타운이 가지는 힘은 주변을 억누르며 만들어지는 반면 Smallness 애플스토어는 사람들에 더 가가며 힘을 키워나가고 있다.

PROBLEM

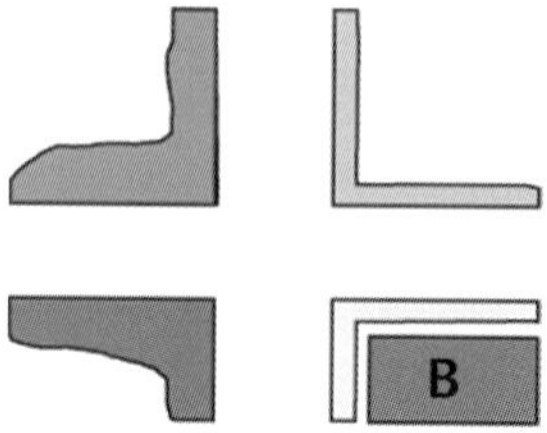

거대함은 상업의 침투를 막는다.

가로변으로 부터의 침투를 막기도
하지만 안에서 밖으로의 확장도
방해한다.

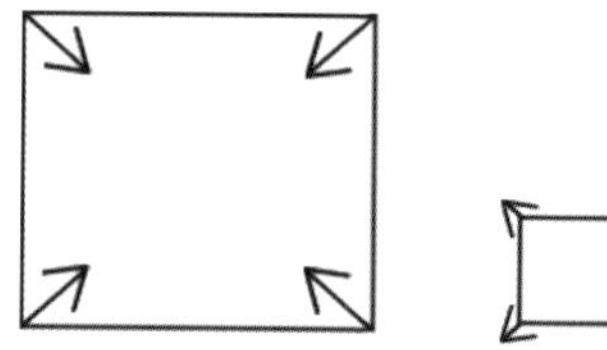

내부로 내부로, 외부로 외부로

거대함은 안으로만 향하려고 하고
작은 건축은 밖으로 향하려고만 한다.

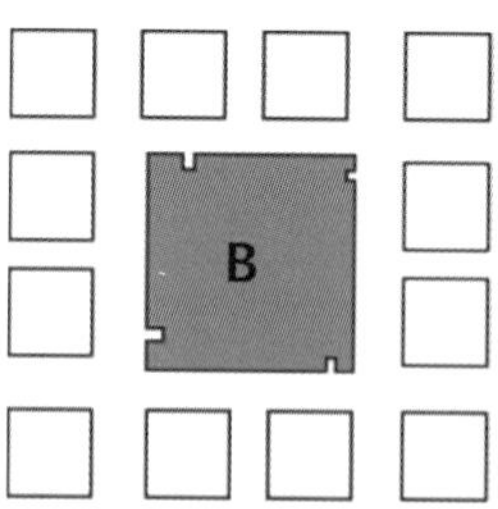

주변과 관계맺지 않으려 한다.

대규모 개발로 이루어진 건대건축은
단지 몇개의 입구로 주변과 대화하려고
하지만 실제로는 그들과 어울리려고
하지 않는다.

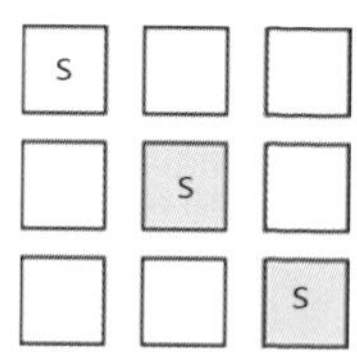

변화의 힘이 너무 약하다.

개성적, 개별적 힘에 너무 의지하는
작은 건축은 어떤 변화를 주도할 힘이
너무 미약하다. 단지 제스처를 할뿐
어떤 행동이 이루어지기는 힘들다.

Issue . 1

길의 유지

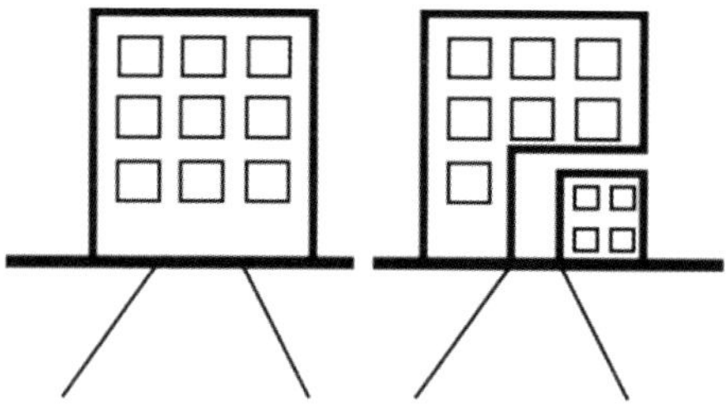

Issue . 2

공간의 확보

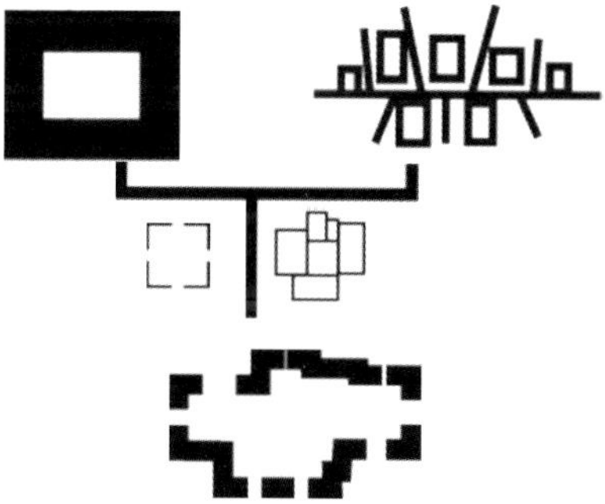

Issue . 3

자글자글

길이 만들어지고 유동인구가 생기면 상업이 활성화되지만 단지 사람들의 이동만으로는 부족하다. 더 많은 프로그램으로 잘게 쪼개고 많은 상업공간을 만들어 길을 좁히고 사람들을 부딪히고 충동하게 만들어야 진정한 의미의 쇼핑공간이 만들어질 수 있다. 보행자 레벨을 점령하고 난폭한 파괴자의 필요성이 요구된다.

Strategy

경계의 모호화/외피의 최대화

흐릿한 경계, 외피의 최대화

경계가 사라지면 가능성은 더 커진다.

Following Context/Making Context

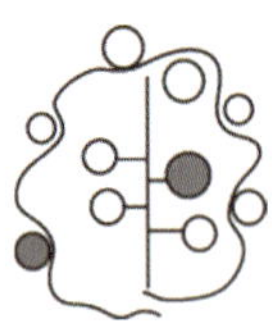

도시 문맥을 따르며 자신만의
새로운 문맥을 만들어 나간다.

Maximum exterior skin

어느 한지점에서도 공간의 깊이는 파악되지 않으며 사방으로 열려있으며 무한히 변하는 깊이와 넓이를 가진다.

외부와의 접촉을 늘리고 단순히 통로로 이용되던 pedestrian의 동선을 순환하고 머무르는 동선을 만들어 낸다.

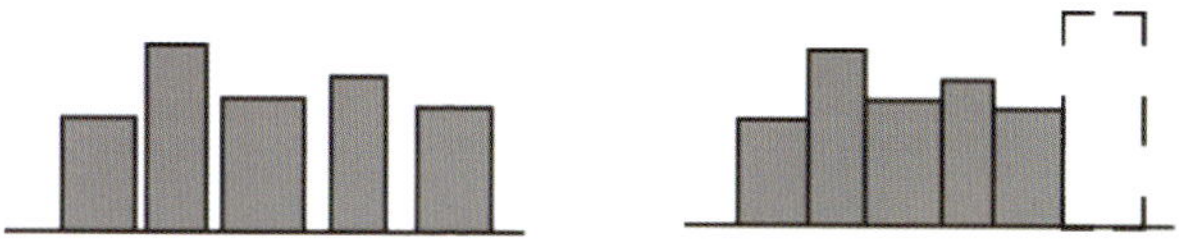

작은 건축들을 이어서 붙여 맞벽 건축과 같은 효과와 함께 집적의 공간의 효율화를 가져온다.

우리의 건축이 주로 목조 건축이었기에 화재에 대한 대비책으로 건물의 인동거리가 유지되어왔다.

저층부에는 기존의 주변 작은 프로그램들이 키오스크와 같은 형태로 흩어져 존재하게 되지만 상층부로 올라갈 수록 프로그램은 모이고 커져서 하나의 군집을 이루게된다. 그럼으로써 최종적으로 모든 프로그램들은 하나의 Medium-ness로서 존재하게 된다.

MASTER PLAN & 1st FLOOR PLAN

저층부에서는 기존의 강남대로와 이면도로 그리고 주거지역을 연결시키는 기존의 길을 유지하면서 내부에 새로운 길을 만들었다. 기존 건물의 이면도로는 길을 좁혀 사람들의 이동속도를 늦췄고 4미터 도로는 길을 더 넓히고 중간중간 매스를 덜어내어 사람들이 멈춰흐르는 공간으르 만들었다. 중간층은 사이트 주변에 존재하지만 그 규모가 작어 분절되어 사용되고 있는 식당가가 들어서게 된다. 삼성타운의 삼성전자동은 주말이면 예식장으로 사용되는데 식이 끝나고 하객들을 모시는 연회홀의 부족으로 기존에는 작은 식당들 여러개를 나누어 사용하고 있는주이다. 상층부는 사이트 동쪽으로 면해있는 주거지역을 향해서 영어도서관이, 강남대로 이면도로와 면해있는 방향으로는 기존의 나눠져 주변에 흩어져 있던 영어학원이 하나의 커다란 프로그램으로 모이고 영어도서관과 영어학원 사이에 스포츠센터가 들어와있다.

N
Samsung Town
Hyundai Tower
8M Road
Trapalace
North Entrance
Seocho Howngwoo
Seocho Hongwoo
Parking
Starbucks
East 1 Entrance
Jongro building
Hanhwa Obelisque
Woosung 5th Apartment
8M Road
Dongyang Paragon
4M Road
Ikhoon
Cross Road
Ital korea
PrimeMD
Zeus PC
East 2 Entrance
Songwoo
GCWell
Dossiebit Offistel
Beatvill
West Entrance
Beatvill
8M Road
Parking
Coatel Schervill
Aju Stores
Samsung H&I

Medium

Library
Sports Facilities
English School
Retail Shop

Common Hall

Elevator Core

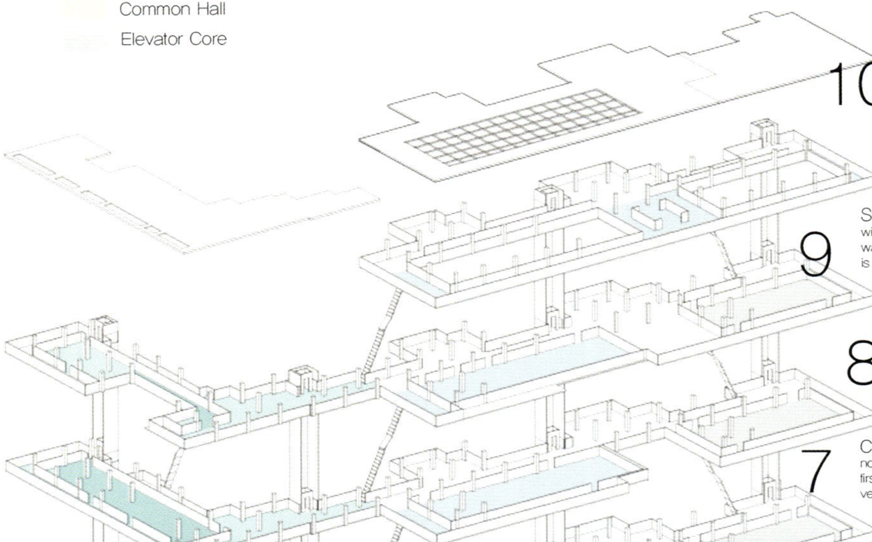

10 The Roof
there' s no limite for the one who manage the time with your friend. now it is the top of the top . what you seeing is just your imagine but real world.

9 Swimming Pool
wide open window make you pretty cozy. you just lay down. watch everything passing your side. another very early day is start here . finish your day happy hours.

8 The Bigness
it is always the commercials dream get the large and big space. these place make them big money. developer knows very well about this. so they are chasing this kind of new type building.

7 Chek In
nobody can pass this hall without any permission. first stop. then find your place what you want. it' s very simple and subtle way. you couldn' t miss anything

is placed the security & entrance in here.

5 Starving To Death
activites make men feel getting power and good humor to women. Before you go to very important place you need to stop to thinking.take your time. nice view and kind people. we could be there eagerly.

4 Hidden Shop
it is more surprise accidently met some place than just intentionally and hopely visite nice place to be .

3 Restaurants
enjoy the time. peace and rest. there' s always something which is belived nothing but everything to the these day' s people.

2 The 1st Common Hall
anybody who enter the site could enjoy everything but nothing.

1 From the Street
Booming street into the site make many collisions. it' ll bring busiest commercial. pedestrian level is usually very good for retail, restaurant, shop . but it' s cost too expensive. if the developer could earn more income from their building they' ll probably think this is really good project.

Axonometric

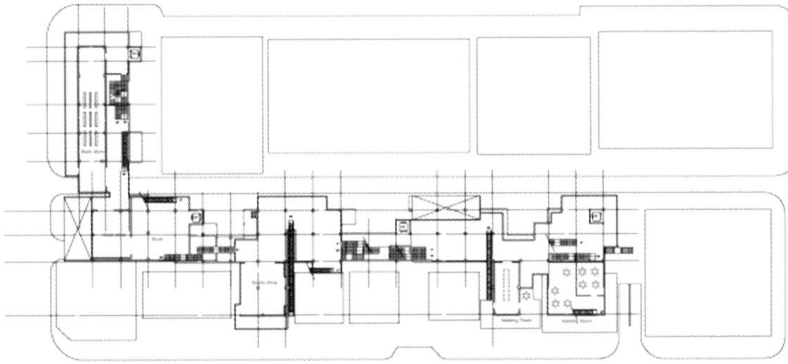

4F PLAN

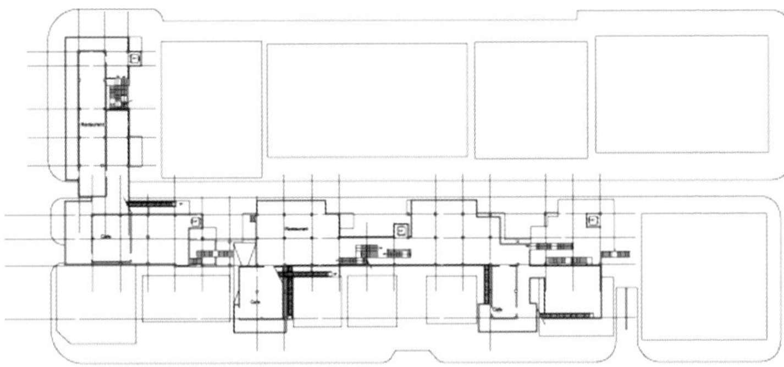

5F PLAN

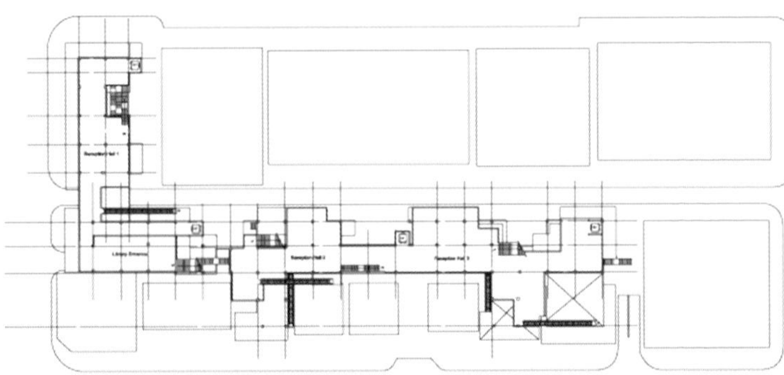

6F PLAN

PROGRAM TABLE

Sports Center				
Entrance Area		24.2	6Room	145.2m²
Changing Room			1Room	248m²
Shower Room			1Room	104.7m²
Instructor's room		42	6Room	252m²
Equipment room		177.3	5Room	886.5m²
Cleaning equipment			1Room	92.2m²
Caretaker's room			1Room	
Multifuntional hall			1Room	52.7m²
Games ahll			1Room	
Kitchen			1Room	33.8m²
Storage		17.8	6Room	106.8m²
Café			1Room	30.1m²
Front Office			1Room	70.4m²
Facilities			5Room	480.6m²
Loundary Room		68.2	3Room	204.6m²
Toilets	for each changing room	48.2m2	57Room	2747.4m²
	entrance area	61.25m2	48Room	2940m²
			105Room	5687.4m²
			Hotel Area	12552.9m²
Commercial				
Fashion		6Room	373.1m²	
Restaurant		8Room	1368.6m²	
Café		9Room	631.6m²	
Fastfood		1Room	168.9m²	
Studio		6Room	282.8m²	
Buth		120Room	305.8m²	
Bar		2Room	250.5m²	
maintenance Room			47.9m²	
Retail Shop			311.1m²	
Sunken Garden			440.6m²	
		Commercial Area	7918.3m²	
Academy				
Class Room	General Room	22Room	1403.7m²	Main Program
	Special Room	1Room		Large space
	Conversation Room	5Room	128.4m²	Small group
Office Room		2Room	114.3m²	Support
Rest Room		5Room	340.3m²	Depo
Equipment Room		1Room	35.1m²	Education
Meeting Room		3Room	144.4m²	Conference hall
Office support Room		1Room		
Video Data Room		1Room	80.8m²	Save and rent
Chairman Room		1Room	26.9m²	
Tutuor's rest Room		2Room	60.4m²	Rest and Smoking
		Academy Area	14037m²	
English Library				
Library	Kid	2Room	591.2m²	Exclusive
	General		1605.3m²	Adult data
Office	3Room		153.2m²	Office
Rest Room	8Room			
Small theater	1Room		286.8m²	English Play
Copy Room	4Room		250.4m²	Rent
Data Room	4Room		873.6m²	
Study Room	4Room		513.2m²	Open
Check Room	2Room		284.8m²	Renting
Video/Audio Room	1Room		115.5m²	Video
Data Room	1Room		150.6m²	Search Digital Data
Micro film Room	1Room		67.3m²	Copying Data
Achive	1Room		208.1m²	Keep the libaray Data
Chairman Room	1Room		33.8m²	Guest Room
		Library Area	4771.5m²	

74

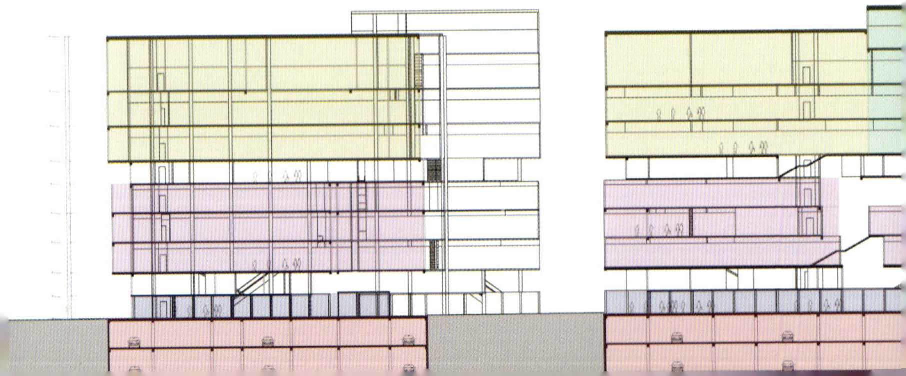

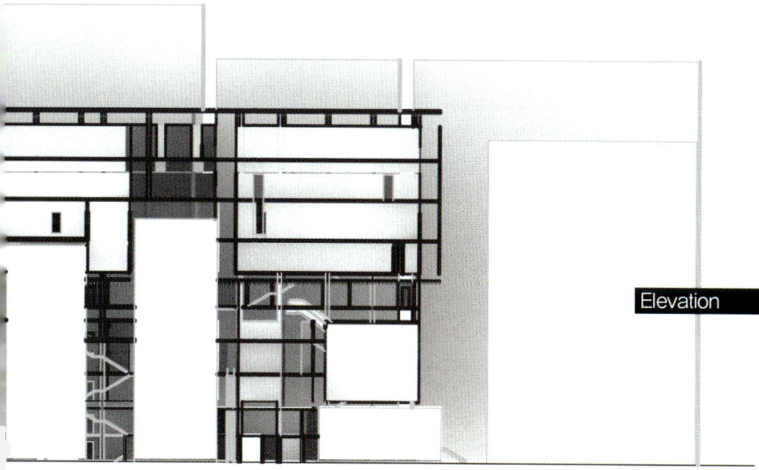

Elevation

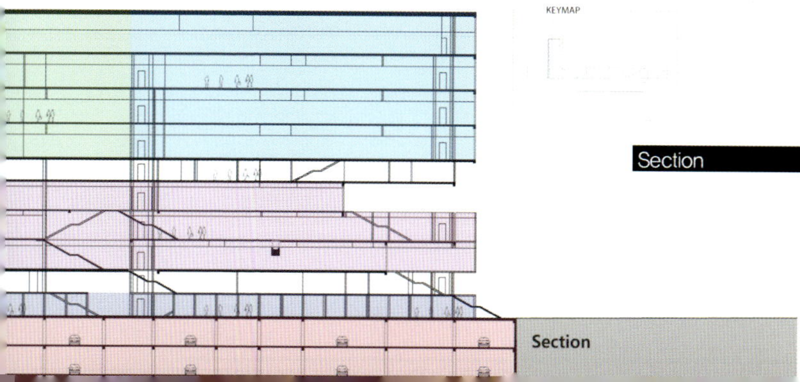

Section

UNFOLD

PROJECT.3 변화하는 것만이 살아남는

25m 도로

교보타워 사거리

SITE GANG-NAM IN SEOUL

주제 : 집의 의미를 새롭게 해석하고, 커뮤니티와 나아가서는 도시를 풍요롭게 할

유형 : 복합시설

위치 : 서울특별시 강남구 역삼동 808

면적 : 약 1,250㎡

건폐율 및 용적율 : 건폐율 60%, 용적율 800%

Sooyoung Choi
2011 Myongji University Graduation Work

Thanks To

HE HOME

역에서, 새로운 공유공간을 제안

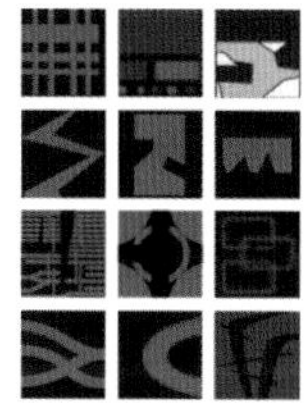

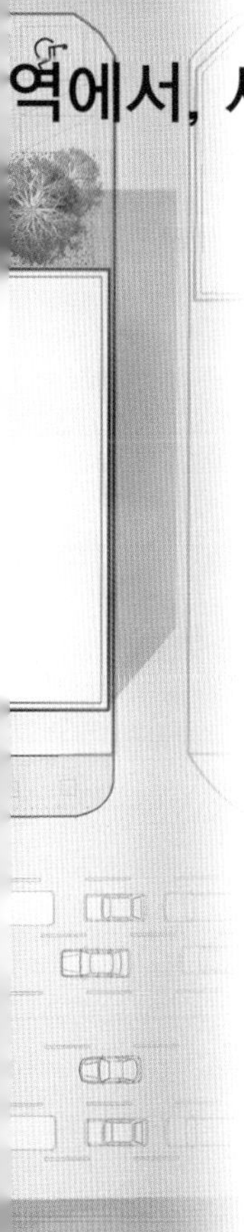

m 도로

제안을 모색한다.

ent Drawing

최수영 Choi, soo-young

집은 house로서의 주택뿐만 아니라 home으로서 의미에 초점을 맞추고자 한다. 도시에서 주택은 최소화되는 경향이 있으며, 이에 따라 일상적인 행위가 도시로 외부화되는 과정에서 커뮤니티가 생성된다고 본다. 종래에 집안에서 당연하게 이루어지던 행위의 대부분이 도시에서는 일종의 공유공간으로 확장되어 벌어지게 된다.

1. 나의 향유하는 공간을 집(home)으로 보고, 강남역을 찾는 많은 사람들과 그리고 동거인(housemate)들이 함께 한다.

2. 새로운 공공사 이야기, 퍼브와 카페같은 외국사례처럼 한국의 마루 : 공간적 장치를 통하여 이야기를 한다.

3. 주거유형 타입을 라이프스타일에 따라서 4가지로 나누게 되었다.

4. 4가지 타입의 주거는 서로 적층적으로 쌓이는 것이 아니고, 볼륨적으로 물리고 물리는 유기적 관계로 조합된다.

Sooyoung Choi
2011 Myongji University Graduation Work
Thanks To

This building makes perfect place for people to create new kind of SOCIAL NETWORK!

절을 '절집' 이라 부르는 것은 '집' 의 의미가 물리적 공간뿐만 아니라 거기에서 이루어지는 커뮤니티의 활동을 포함하기 때문이다. 이처럼 집은 중의적이며 복합적인 기호이며 상징이다. 단순한 건물로서의 의미를 넘어서서 인간 정주의 기본단위이며 그 안에서의 기초적인 공동체가 생성되는 공간적 장치로서의 의미에 주목한다.

따라서 집은 house로서의 주택뿐만 아니라 home으로서 의미에 초점을 맞추고자 한다. 도시에서 주택은 최소화되는 경향이 있으며, 이에 따라 일상적인 행위가 도시로 외부화되는 과정에서 커뮤니티가 생성된다고 본다. 종래에 집안에서 당연하게 이루어지던 행위의 대부분이 도시에서는 일종의 공유공간으로 확장되어 벌어지게 되는 것이다. 외식이나 빨래방, 경로당이 그 대표적인 예라고 할 수 있다. 프랑스의 카페, 영국의 퍼브 같은 공간적 장치 또한 이러한 도시적 특성에서 유래하였다고 할 수 있다.

그러나 한국의 대부분의 공유공간이 노래방, 찜질방 같이 '방' 으로 폐쇄적으로 이루어지는 것은 꾸준히 지적된 바가 있다. 이러한 '방' 의 문화는 기존의 관계를 심화시킬지언정 새롭게 도시적 관계를 확장하기에는 부적합한 커뮤니티의 형태이기 때문이다. 이에 대한 유효한 대안으로 집의 의미를 새롭게 해석하고, 창의적 발상과 실천으로 커뮤니티와 나아가서는 도시를 풍요롭게 할 수 있는 새로운 제안을 모색한다.

도시에서 바람직한 집의 형태는 어떤 것인가?
도시에서 집의 경계는 어디인가?
한국의 상황에서 공유공간을 어떻게 계획하고 제안할 수 있는가?
바람직한 공유공간은 집과 도시와 어떻게 관계하는가?
도시로 확장된 집은 어떻게 커뮤니티를 활성화할 수 있는가?

공유(Sharing), Public(公)과 Semi-public(共) 그리고 Private(私)

생활세계의 공유란, 행동의 공유, 장소의 공유, 장면의 공유를 말한다. 타인과 함께 행동하고, 같은 마음의 장소를 향유하며, 함께 생활함을 뜻한다. 그리하여 삶의 의미를 공유한다. 이것이 이 시대가 알고 있는 사회적 관계, 커뮤니티 정신의 회복을 위한 해법이다.

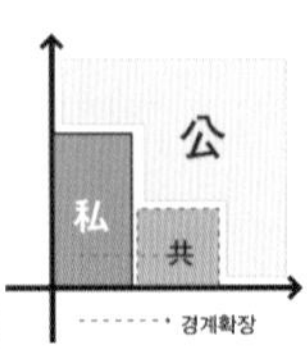

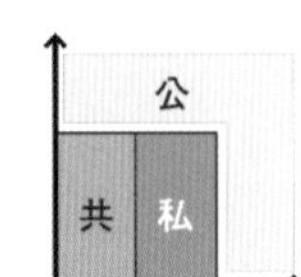

이반 일리치

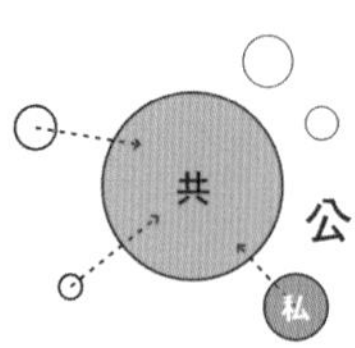

리켄 야마모토

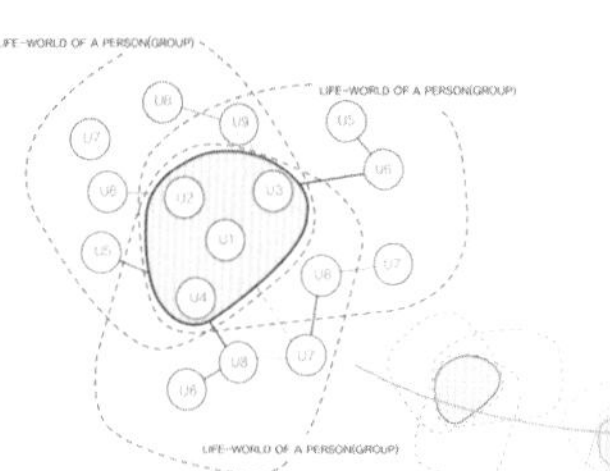

거주자 ≒

사이트(site) 선정 이유_강남역_새로운 건축적 트렌드를 적용하였을 때, 가장 잘 부각될 수 있는 장소

1. 너무나도 다양한 컨텍스트(Context)가 존재한다.
2. 강남역에서는 변화하는 것만이 살아남는다.
3. 빠르게 변화하는 사회 속에서 유행을 뒤쫓을 것이 아니라 유행을 창출해야 한다.

"상표 없는 도시의 전형적인 장소이다."

강남역은 다양한 프로그램(Program)과 컨텍스트(Context)가 혼재하고 있는 사이트이다. 강남역에 대한 이해와 관심을 통해 그리고 사회적으로 이슈가 되고 있는 점을 같이 모색하여 해결방안과 더불어 새로운 건축적 이야기를 만들어 가고자 한다.

현대인의 삶은 곧 도시적 삶이다. 거대한 메트로폴리스에서 지방의 군소 도시들까지 우리의 모든 활동은 도시라는 독특한 공간을 매개로 이루어진다. 그러나 모든 도시가 폐쇄된 사적공간으로만 존재하고, 삶이 공유되고 생각이 공유되는 장소는 쉽게 찾아 볼 수가 없다. 도로를 제외한 공적공간이란 전무에 가깝다. 도로조차도 거대한 버스와 자동차로 가득 메워져 있다. 도시의 성장은 오래전부터 도시의 혼잡함, 공해, 파괴행위, 도시의 황폐화에 대해 깊은 우려와 관심을 나타내고 있다.

명백한 도시의 위기다. 그러나 다시 보면, 위기라기보다는 변화의 시간이다. 지금까지 우리에게 익숙했던 삶의 모습을 바꿔야할 시기가 오고 있는 것이다. 이제껏 우리에게 친숙했던, 많이 만들고 넓게 살던 도시, 그 속에서 쓸 수 있다면 가능한 많이 쓰고 살던 삶을 바꿔야할 때가 온 것이다.

지상1층 평면도
축척 : 1/200

지상2층 평면도
축척 : 1/200

지상3층 평면도

지상4층 평면도

Life Style

동거인(housemate)들을 라이프스타일(life style)에 따라 분류하게 되고, 서로간의 다양한 커뮤니티가 이루어지도록 한다.

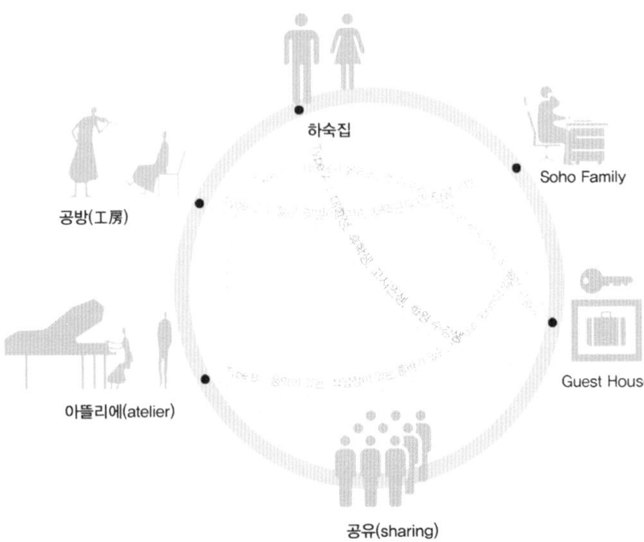

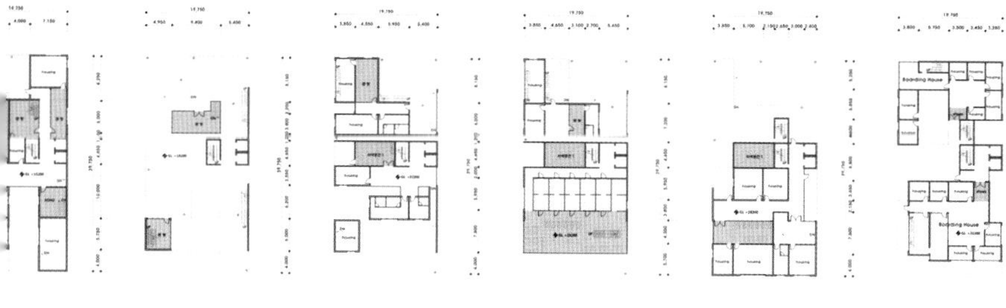

지상5층 평면도 / 지상6층 평면도 / 지상7층 평면도 / 지상8층 평면도 / 지상9층 평면도 / 지상10층 평면도

4가지 타입(type)의 주거유형

라이프스타일(life style)에 따라 4가지 타입(type)의 주거유형을 나누게 된다.
각각의 타입은 새로운 공공사이야기를 만들어 나간다.

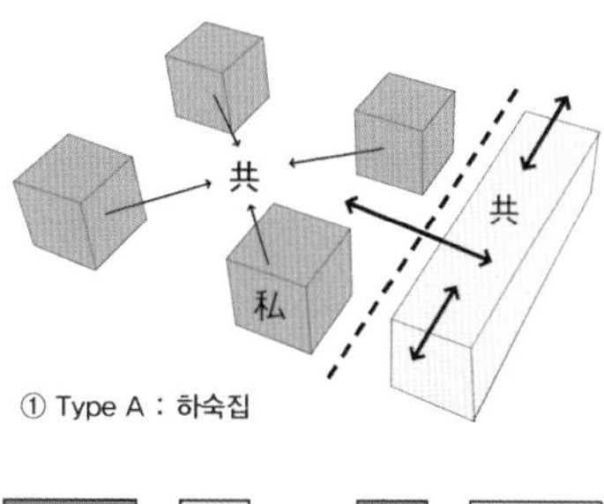

① Type A : 하숙집

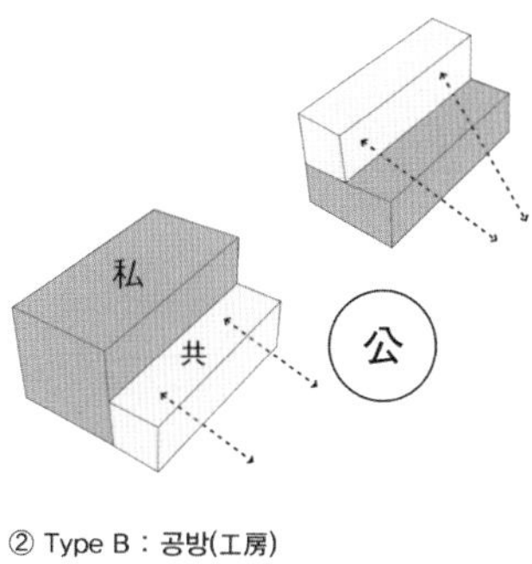

② Type B : 공방(工房)

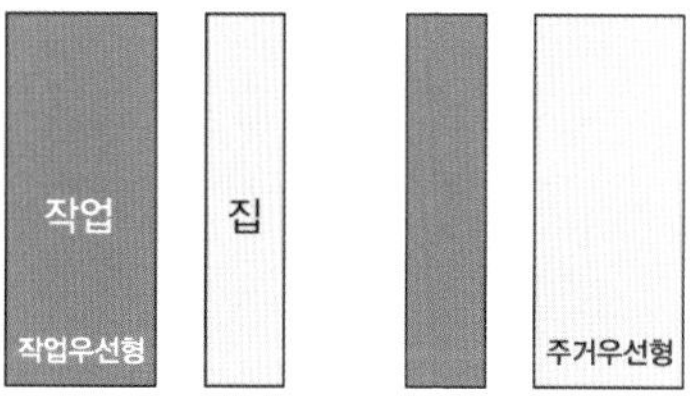

③ Type C : Soho

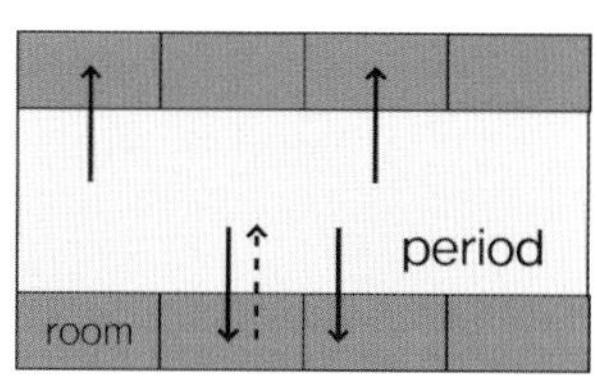

④ Type D : Guest House

Concept Section

각각의 주거유형들은 단순히 적층적으로 쌓이는 것이 아니라, 유기적이면서 서로가 물리고 물리는 관계로 구성되어 진다.
저층부에는 강남역의 컨텍스트(context)를 고려하여 'shop + hotel'을 배치하게 되었고, 중간층에는 '공방, soho, 하숙집'을 배치하여 다양한 커뮤니티를 생성하도록 하였으며, 상부층에는 private(정적인 성격)의 집을 배치하였다.

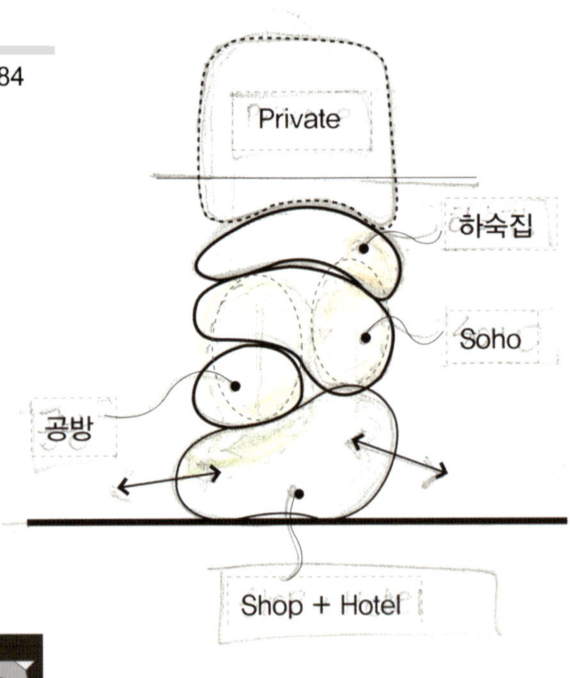

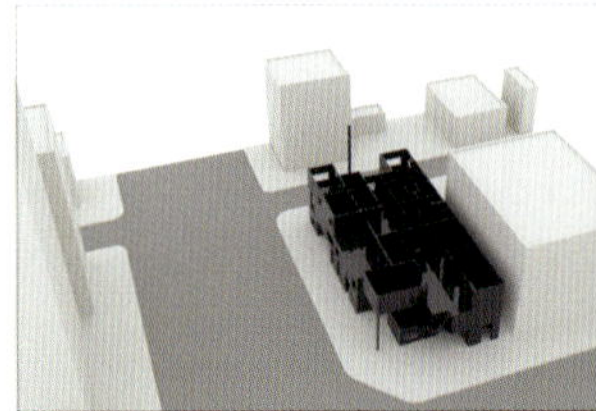
1~3F : Shop + Guest House

4~9F : Soho + 공방(工房)

10~12F : 하숙집

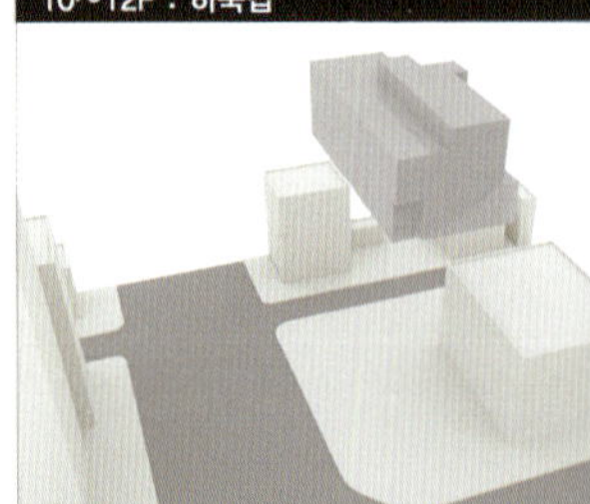
13~17F : Private

Floor Diagram

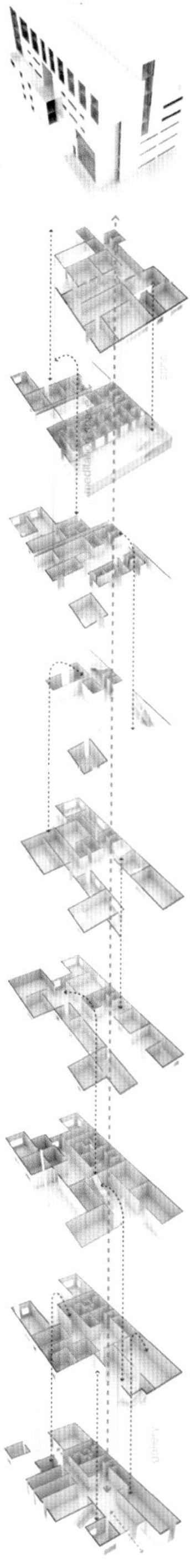

■ 코어(core) 동선

■ 내 · 외부 동선

10~17th floor

저층부와는 달리 하나의 매스적이며 정적인 형태의 주거유형이 존재한다.

9th floor

8th floor

복층형태의 소호(Soho) 타입이 존재, 개인과 공공의 경계가 모호해진다.

7th floor

사색공간(Meditation Space)이 존재, 강남역과 대응하는 공간을 제안한다.

6th floor

동거인들과 강남역을 찾는 사람들이 다양한 커뮤니티를 만들고, 풍요로운 도시를 만들 수 있도록 하는 오픈된 공간이다.

5th floor

4th floor

공방, 소호(Soho) 타입의 주거유형이 나타나기 시작한다.

3rd floor

주거와 샵(shop)이 결합된 하나의 유형이 나타나면서 상부층부터 새로운 주거형태가 나타나게 된다.

2nd floor

갤러리(gallery)와 게스트하우스(guest house)를 배치함으로서, 빠른 순환이 일어날 수 있도록 하였다.

1st floor

강남역 사이트가 가지는 컨텍스트에 순응하면서 또다른 새로운 도시적 풍경을 연출한다.

Section Model

Sooyoung Choi
2011 Myongji University Graduation Work
Thanks To
[illegible]

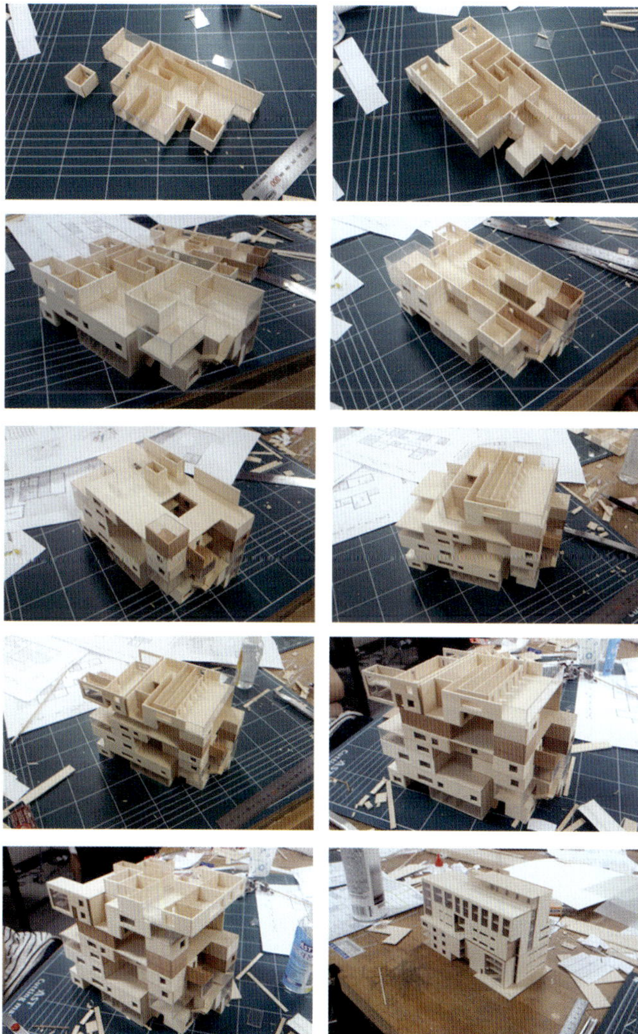

PROCESS : MODEL, SCALE 1 / 200

Unit Section

Type B : 공방(工房)

Type C : Soho

4가지 타입(Type)의 주거유형은 다양한 이야기를 만들어내고, 강남역을 찾는 사람들과 동거인(housemate)들에게 새로운 커뮤니티를 가능하도록 한다.

Type B : 공방(工房)은 시각적으로 또는 공간적으로 오픈되어 있는 장소를 제공한다. 이곳에서 다양한 행위가 일어나게 되고, 기존의 커뮤니티 방식에서 탈피하여 외부와 소통하는 공간으로 계획한다.

Type C : Soho는 다시 두가지 유형(작업우선형, 주거우선형)으로 나누게 된다. 그중에는 복층구조로 구성된 유닛(unit)도 있는데 단지 쪽방에서 일하는 공간을 탈피하고자 한다.

Section A - A', scale 1 : 200

Sooyoung Choi
2011 Myongji University Graduation Work
Thanks To

VISUAL : 4th FLOOR VIEW

VISUAL : 8th FLOOR VIEW

VISUAL : 7th FLOOR SPACE

VISUAL : 7 ~ 9th MEDITATION SPACE

evation, scale 1 : 200

Sooyoung Choi

Thanks To

Scene #01 Ground Level View

강남역 사이트가 가지는 컨텍스트에 순응하면서 또다른 새로운 도시적 풍경을 제공한다.

cene #02 6th Floor View

동거인들과 강남역을 찾는 사람들이 다양한 커뮤니티를 만들고 풍요로운 도시를 만들 수 있도록 하는 오픈된 공간이다.

DUAL MO

PROJECT 4.

주제 :Street Mall의 수직화를 통한 Mall의 건축적 접근

유형 : 판매시설(상업시설)

위치 : 서울시 서초구 논현동 748-6~18

면적 : 약 2,892.0m2

건폐율 및 용적율 : 건폐율 60% 용적율 800%

E

imposition of opposing shopping patterns

송혜진 Song,hye-jin

젊고 생동감 넘치는 Market 이나 Street의 open community와 백화점이 가지고 있는 고상하고 품위있는 closed community의 두 건축적 공간의 공존을 시도해 본다. 또한, 강남역이라는 매우 한국적인 도시 공간에서 도시적 문맥 요구사항에 적응하면서 또다른 한국의 상업공간 도시형태인 백화점을 접목시킨다. Mall의 기본적인 의미로서의 "도심지 내 보행자의 쇼핑 거리를 중심으로 전개되는 공중보도(公衆步道) 및 산책로" 에 백화점을 접목한 도시형 쇼핑 공간이라고 할 수 있다. 그동안 다양한 프로그램들의 대규모 복합상업시설이 사업성을 달성 했다면, 현재 Mall들이 안고있는 평면과 단면상에서 동선체계가 명쾌하지 못하고 편향되어 있는 문제점과, 이러한 동선상의 문제점으로 인한 중복도로 구성된 지상Mall의 기능적으로 비활성화된 영역이 발생하는 불균형이나, 지하Mall의 경우 지상의 주요시설과의 수직적인 연계가 미흡하고, 상호기능이 단절되어 나타나는 상,하부 공용부분의 수직 개방 영역을 확장하기위해 에스컬레이터나 계단등을 적극적으로 도입해보았다. 또한 단면의 변화가 적어 단조로운 공간은 내, 외부 공간의 연계를 고려하여 디자인하려 하였다.

WHAT IS THE MALL

Mall에는 여러가지 유형있지만, 이 Project의 Design Concept은 Street Mall의 평면의 장점을 가지고 도심지에 적합한 Shoppimg Mall을 Design 하는 것이었다. 도심지는 일반적으로 Street Mall이 필요로 하는 부지를 확보하기엔 역부족이다(도심지의 대지 가격이 도시외곽에 비해 크게 높은점이 가장 큰 어려움이라고 할 수 있다). 이런점이 대다수의 Street Mall들이 도시외곽에 자리잡고 있는 요인이 되고 있고, 도심지에 있는 쇼핑공간들은 평면상에서 충족하지 못하는 부분을 단면상으로 충족하고자 Tower type으로 Design 되었다고 본다. 그리고 이런 Tower type의 쇼핑공간 은 백화점의 평면과 유사한 평면을 나타내고 있다.

WHAT IS THE MALL?

도심지 내 보행자의 쇼핑 거리를 중심으로 전개되는 공중보도(公衆步道) 및 산책로

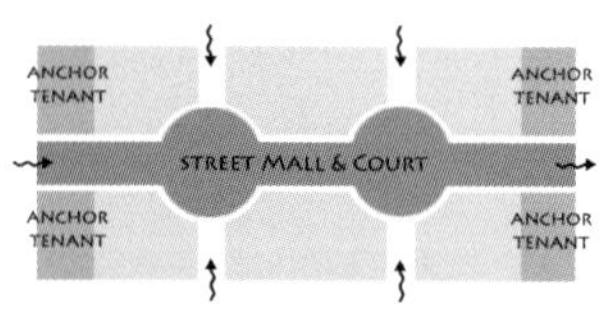

Street Mall은 연속된 보행로 주변으로 점포들이 배치된다.

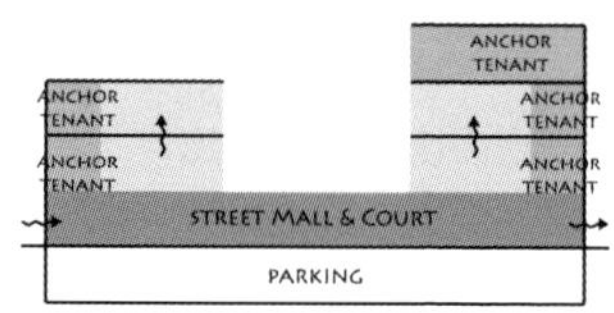

Street Mall은 일반적으로 저층으로 구성된다.

WHAT IS THE DEPARTMENT?

한 건물 안에 의식주에 관련된 여러가지 상품을 부분별로 나누어 진열, 판매하는 대규모의 현대식 종합 소매점

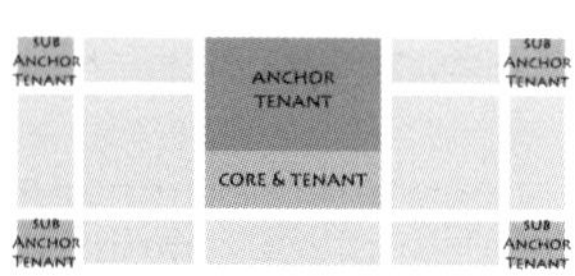

도심지에 적합하며 사건과 행동을 강제적으로 유발시키는 이벤트적인 한정적 공간의 비중이 높다.

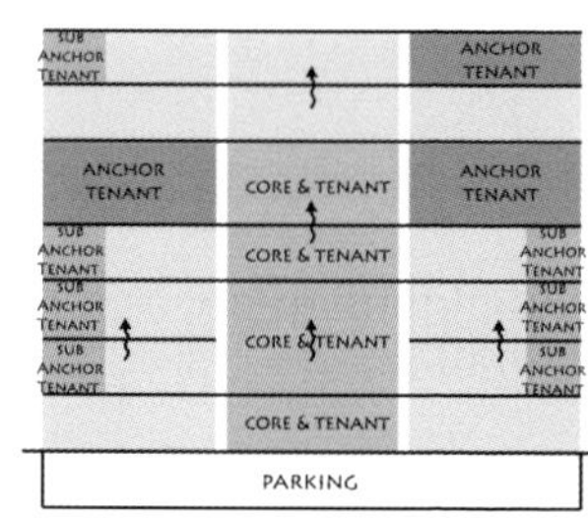

연속적 보행통로의 설치가 용이하지 않으므로, 엘리베이터나 에스컬레이터와 같은 기계장치를 이용한다.

MALL 과 DEPARTMENT의 경영적 차이는 백화점은 50%이상이 직영으로 운영 되는 상품별 전문 조직회의의 단일주체로서 상품의 개발을 중요시하고, 쇼핑몰은 전관의 임대가 가능한 다수업체의 집합으로 조직되어 통일적 운영관리, 업종의 혼합등을 중요시 하고 있다.

POST MALL

Mall의 개념이 처음 도입된 것은 1877년 이탈리아 밀라노의 엠마누엘레 광장에서 조성된 대형 야외시장으로 알려져 있다. 이후 1956년 오스트리아계 이민자인 빅터 그루엔이 미 중부 미네소타 에디나에 사우스데일 센터라는 상업시설을 지었는데 이것이 현대적인 개념의 최초 몰로 불린다.

몰의 효시를 굳이 외국에서 찾을 필요는 없다. 우리가 재밌게 시청했던 사극 드라마들을 속에 남사당패의 화려한 연희와 씨름 등 각종 민속놀이가 열리던 무대이자 먼 길 떠나던 사람들이 잠을 청하는 숙박업소가 밀집해 있고, 흥성흥성 대는 사람들 틈에서 노리개를 사고, 주막에 앉아 목을 축이던 주인공들, 그들이 활보하던 교역의 장이자 유흥의 중심지였던 조선시대의 시전 또한 쇼핑과 문화가 공존하는 몰의 형태라 볼 수 있다.

엠마뉴엘 광장

에디나에 사우스데일 센터

조선시대의 시전

NOW MALL

MALLING

복합 쇼핑몰 안에서 쇼핑, 문화, 엔터테인먼트를 동시에 즐기는 새로운 라이프스타일로, 불과 몇 년 전만 해도 낯선 단어였다. 하지만 짧은 시간 안에 Malling은 현대인의 생활 깊숙이 자리를 잡았다. 가족, 친구, 연인과 함께 산책하듯 몰 안을 걷고, 쇼핑하고, 영화도 보는 일련의 행위들은 오늘을 사는 소비자들의 어느 평범한 주말을 거울처럼 비추고 있다.

타임스퀘어

코엑스

센트럴시티

1877년 이탈리아 밀라노의 엠마누엘레 광장에서 조성된 대형 야외시장의 개념의 Mall은 더 이상 다양한 사람들의 욕구를 충족시키기엔 역부족이다. 단순한 시장의 개념에서 출발한 Mall은 시대가 변하면서 경제의 성장과 소비자들의 요구에 발맞추어 다양한 형태로 변하고 있다. 우리나라의 경우도 두산타워나 밀리오레처럼 단순히 상업시설 위주의 Mall을 시작으로 코엑스, 센트럴시티, 타임스퀘어등과 같이 엔터테인먼트를 부가한 복합 상업시설로 변화하였다.

THE NEXT MALL IS UNLIKE ANY OTHER MALL

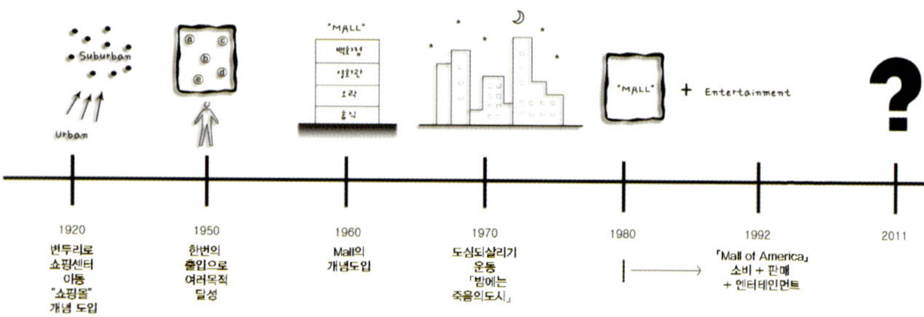

지금도 Mall은 소비자들의 요구에 맞춰 프로그램적으로 다양화가 이루어 지고 있다. 다양화에 따라 규모 또한 커지고 있다. 하지만 이Project에서는 대규모의 복합쇼핑몰이 되기 보단 Mall의 기본적 개념에 충실한 쇼핑공간을 Design 하고자 하였다. Mall을 다양한 Program으로 접근하기 이전에 Mall 을 하나의 건축으로서 경쟁력을 갖게하여 사람들을 이끌 수 있는 건축이되도록 Design 하였다.

HOW TO REBIRTH MALL

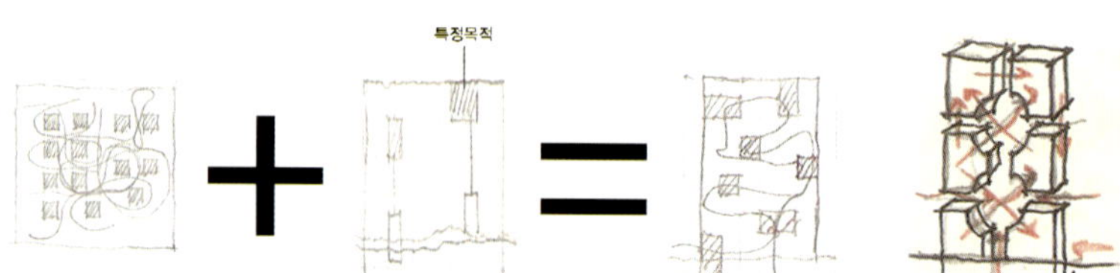

Street Mall은 저층으로 이루어져 있으며 동선이 다양하고 동선안에서 사건과 행동이 자유롭게 발생한다.

건물은 고층으로 올라갈 수록 목적이 뚜렷하기 때문에 저층부에 비해 우연적 혹은 충동적 이용도가 떨어지고 동선이 단조롭다.

Street Mall의 자유로운 가로동선을 Tower type의 쇼핑공간의 단면에 적용하여 건물의 고층부까지 동선을 자연스럽게 끌어들인다.

Street Mall의 수직화

이 Project에서는 도심지에 적합한 쇼핑몰이 되기위해 부지를 최대한으로 활용할 수 있는 백화점의 평면유형을 Project의 기본 평면으로 활용하고 Street Mall의 평면을 Project의 단면에 적용하고자 하였다.

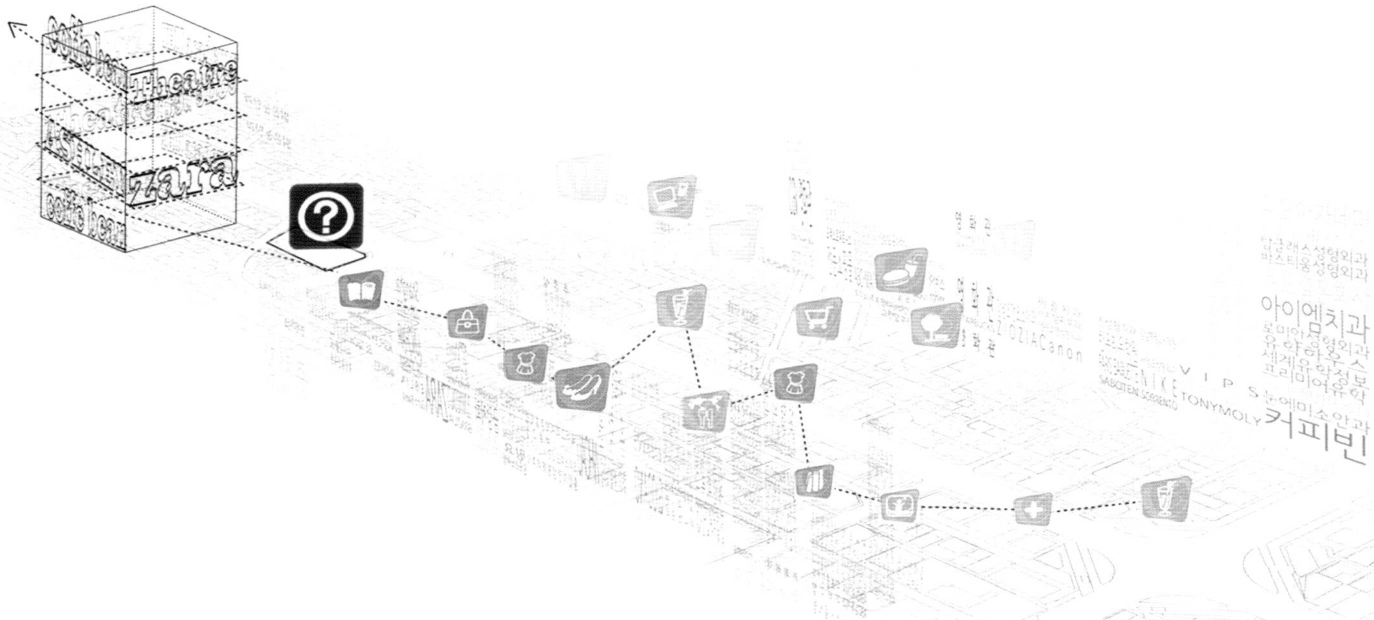

다양한 conetext가 존재하는 강남은 자연스레 도시안에 Street MAll의 역할을 하고 있다.

SITE 부근은 항상 사람들로 붐빈다. 강남대로를 따라 강남역에서 교보문고 까지 자연스럽게 이어지고 있으며, 신논현역 1,2번 출구와 면해 있기도 하다. 강남을 대표하는 교보생명사옥과 Urban hive가 SITE의 맞은편에 각각 자리잡고 있어 SITE의 인지가 쉽다. SITE 부근은 업무시설의 중심지이고, 유흥시설과 학원, 쇼핑시설, 주거지등의 성격을 고루 갖추고 있다. 이를

바탕으로 서울 외곽에서부터 인천, 경기 지역으로의 교통이 편리하여 다양한 연령층의 유동인구를 확보하고 있으며, 강남역 부근의 주거시설에서 상주하는 인구 또한 많아 도심형 쇼핑 몰의 입지조건을 두루 갖추고 있다.

FLOORPLAN

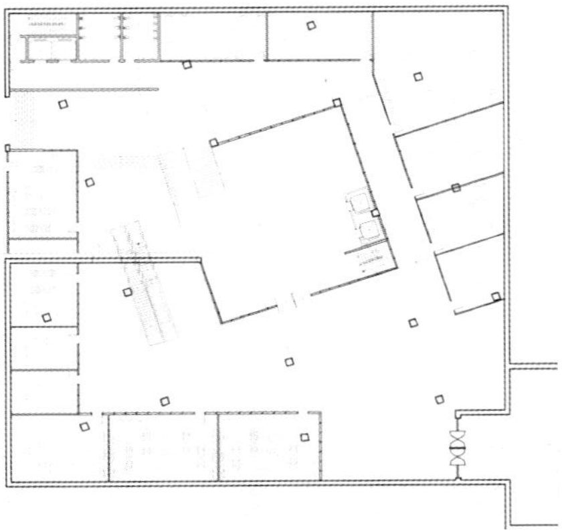

B1 Floor Plan SCALE 1/800

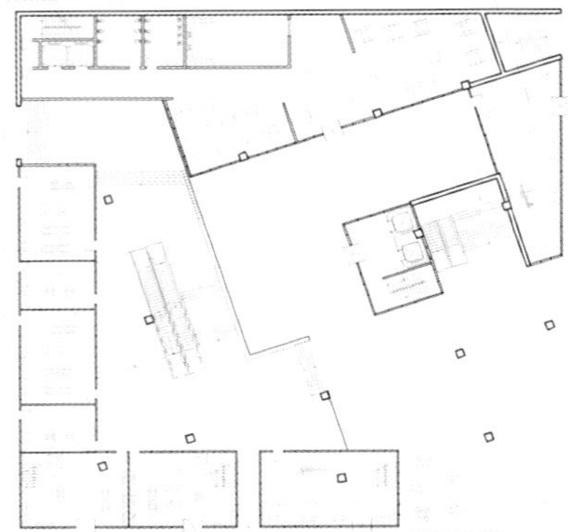

First Floor Plan SCALE 1/800

지하층은 신논현 역과 연결되어 있으며 다양한 동선 을 통해 지상으로 진입이 가능하다. 지하상가는 상점 규모에 따라 개별 계단실을 두기도 하였다. 대지의 경사를 이용한 'GATE3을 통해 지상층과 지하층 의 중간레벨 로 진입을 가능하게 하였다.수직동선을 적극적으로 도 입하여 일방적인 동선 유도가 아닌 자유로운 동선의 선택을 통해 고객 으로 하여금 매장 을 더 다양하게 이용할 수 있도록계획하였다. 동선이 다양함에 따라 동선과 동선 이 만나는 공간은 이벤트성 공간이 생겨나게 되었는 데 이러한 공간들 은일반적으로 street mall에서 볼 수 있는 휴식 공간 혹은 사람 들이 많이 모여 볼거리를 제공하 는 공간으로 활용 이 가능해 졌다.

도로와 만나는 매장들은 모두 단 독 매장과 같은 형태를 하고 있 다. 지상층에 단 독매장 또한 매 장의 규모에 따라 계단실을 두어 상 부층과 연결 하였고, 이런식으 로 연결된 상부의 매 장은 백화점 혹 은 Street Mall과 연결된다.

백화점은 2층 부 터 시작하며, 일 반 백화점처럼 가 운데 에스컬레이 터를 중심으로 백 화점 모듈을 구 획 하였다.

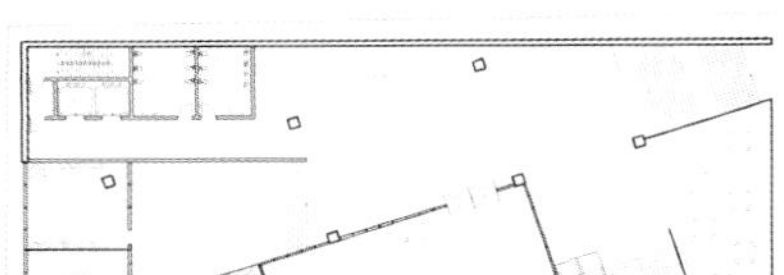

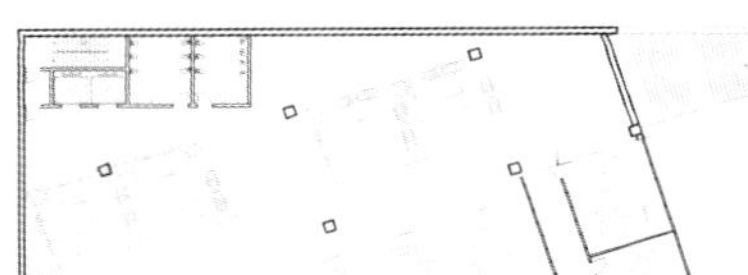

지하층부터 시작 된 Street Mall은

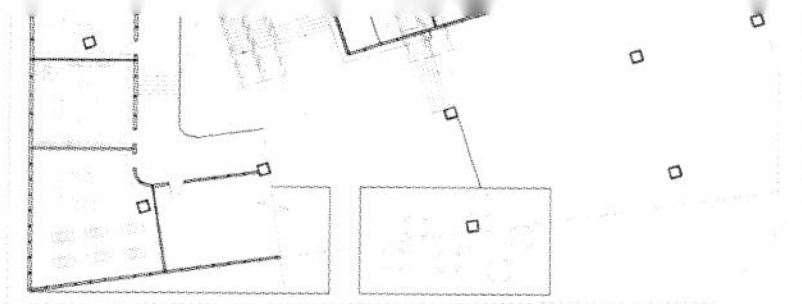

Second Floor Plan
SCALE 1/800

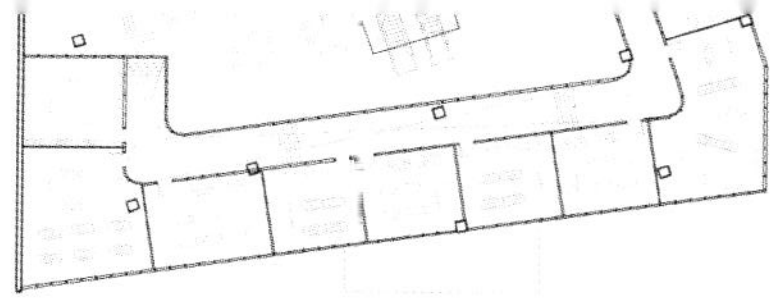

Third Floor Plan
SCALE 1/800

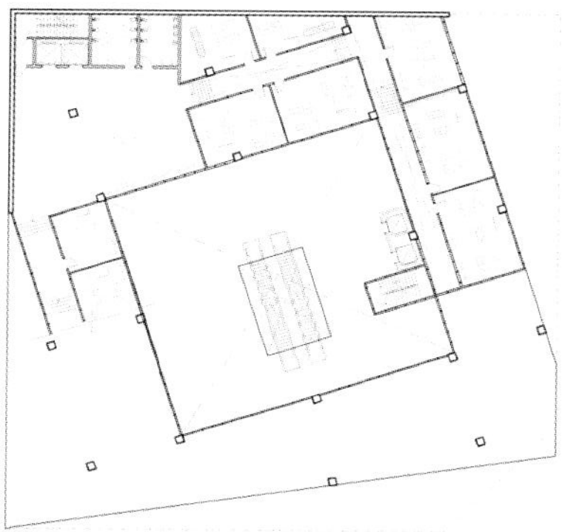

Fourth Floor Plan
SCALE 1/800

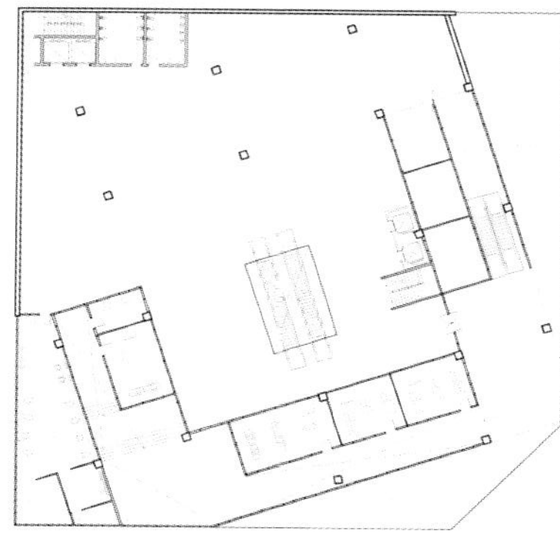

Fifth Floor Plan
SCALE 1/800

만나게 된다.

이로써 백화점으 로의 출입 또한 직접적인 출입 (백화점 입구를 통 한 출입)뿐만 아 니라 간접적 출 입 (Street Mall을 통한 출입)이 생겨난다.

3층에서 백화점 과 Street Mall이 만나게 되고, 4층에서는 Street Mall 만을 계획하 였다. 이럼으로 발생하는 4층의 넓은 Void 공간 과 Open Space가 생기게 된다. Open Space 는 Street Mall에서 사람들의 모임공 간과 휴식공간 역 할을 하는 코트 (court)가 된다.

Street Mall의 보행공간은 백화점의 내부와 외부, Mall 과 Mall 사이를 경험하게 된다. 고객 은 자신의 동선의 선택이 자유로움 으로 쇼핑공간을 선택적으로 이용 할 수 있으며, 동선의 분리 역시 간단하여, Street Mall과 백화점과 이용시간에 차이 를 두고 운영할 수도 있도록 계획 하였다. 백화점의 영업이 끝난 이후 시간에는 Street Mall은 주 보행공 간과 ccre를 통 해서 영업이 가능 하다. 입면에서는Street Mall이 수 직적으로 이동하 는 부분을 표현하 고자 백화점 점유 공간을 제외하고 는 최대한 노출이 되도록 Design 하였다.

ELEVATION

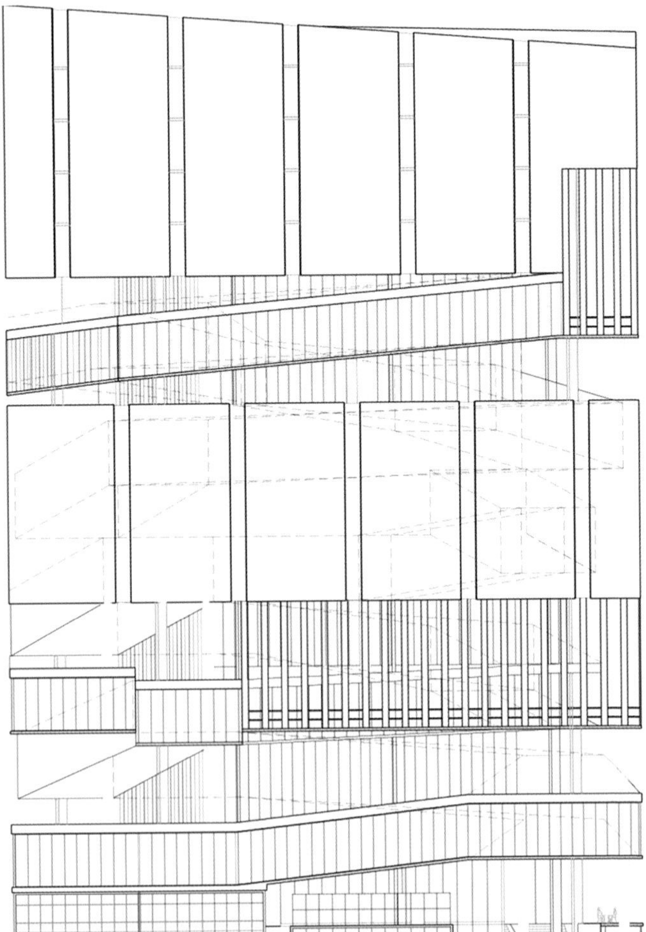

SECTION

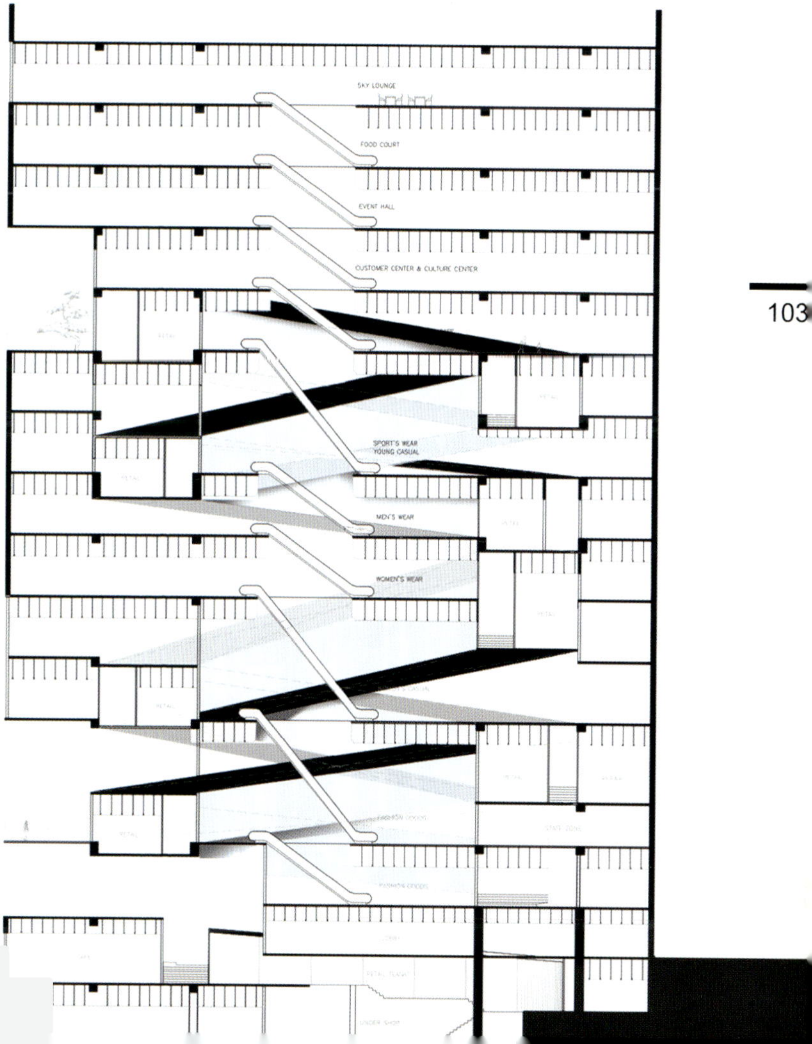
SKY LOUNGE
FOOD COURT
EVENT HALL
CUSTOMER CENTER & CULTURE CENTER
SPORT'S WEAR
YOUNG CASUAL
MEN'S WEAR
WOMEN'S WEAR

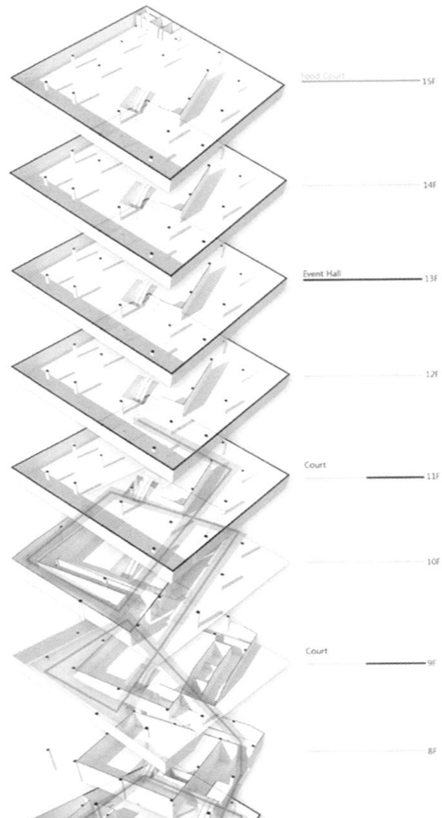

이 project의 구성은 일반적인 Street Mall의 구 성요소를 반영하 였다.

1. 핵점포
 쇼핑몰의 중심으 로서 고객을 끌어 들이는 기능을 가지고 있으며 백화 점이나 대형전문 점 등 이 이에 해당한다.

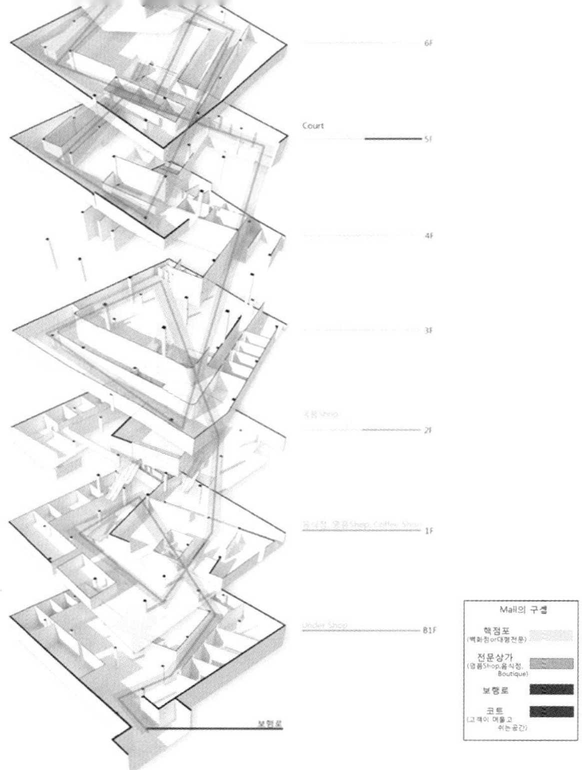

2.보행자전용로

Street mall 의 가장 특징적인 요 소로 주요동선으 로서 고객을 각 점포에 균등하게 유도하는 보도이 다. 동시에 고객 의 휴식공간이 되 기도하며 각종 이 벤트의연출이 가능한 연출장으로 서의 기능을 가지 고 있다. 특히 고객에게 변화감과 다채로움, 자극과 변화 및 흥미를 주는 동시에 휴식 할 수 있는 장소 를 제공하는데 그 중요성이 있다.

3.전문상가

주로 단일 종류 의 상품을 취급하 는 상점과 음식점 등 서비스 점으로 구성한다.

4.코트

Mall의 곳곳에 고객이 머물수 있 는 공간을 둔 것 으로 전화 박스, 벤치, 조경요소등 을 설치하여 휴식 처로 조성한다. 또 정보의 안내의 기능도 한다. 요즘은 코트의 크기가 대형화 되는 추세이다.

5.문화시설

커뮤니티에 대한 기여와 고객유치 의 2차적 요소인 레저시설, 은행, 등의 사회시설과 미술관,홀,각종 강좌등의 문화시 설은 쇼핑센터가 가지고 있어야 할 또 하나의 중요한 기능이다.

각 층의 프로그 램은 백화점의 기 본 프로그램을 적용하였다.

PERSPECTIVE VIEW

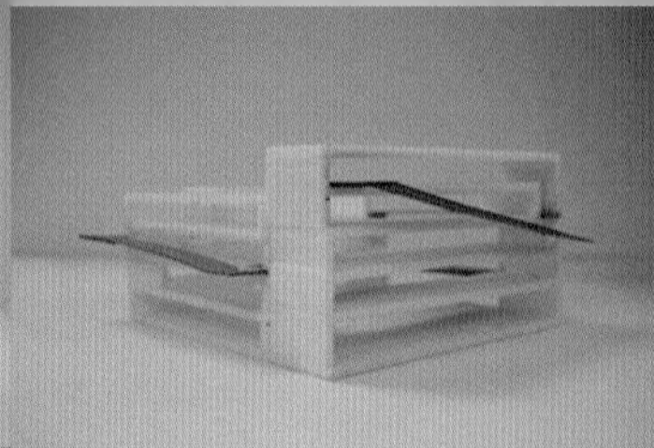

MASS STUDY

처음 MASS STUDY에서는 한정된 공간에 어떠한 형식으로 길이 형성되며, 이 길이 수직동선이 되어 연속적으로 이어질 수 있는 가를 STUDY해 보았다.

그 다음 MASS STUDY에서는 연속적 보행로를 두고 공간이 어떻게 형성될 수 있는 가를 나타내보면서, 평면상 한정된 공간이 수직적으로 유연해 질 수 있는 방법등을 STUDY해 보았다.

마지막으로는 연속적 보행로를 두고 형성된 공간이 MASS가 되어 한정된 공간과 더해지면서 하나의 MASS를 이루는 방법과 하나의 MASS에서 두 공간이 어떻게 분리 될 수 있는가를 STUDY 하였다.

FINAL MODEL

URBAN TA

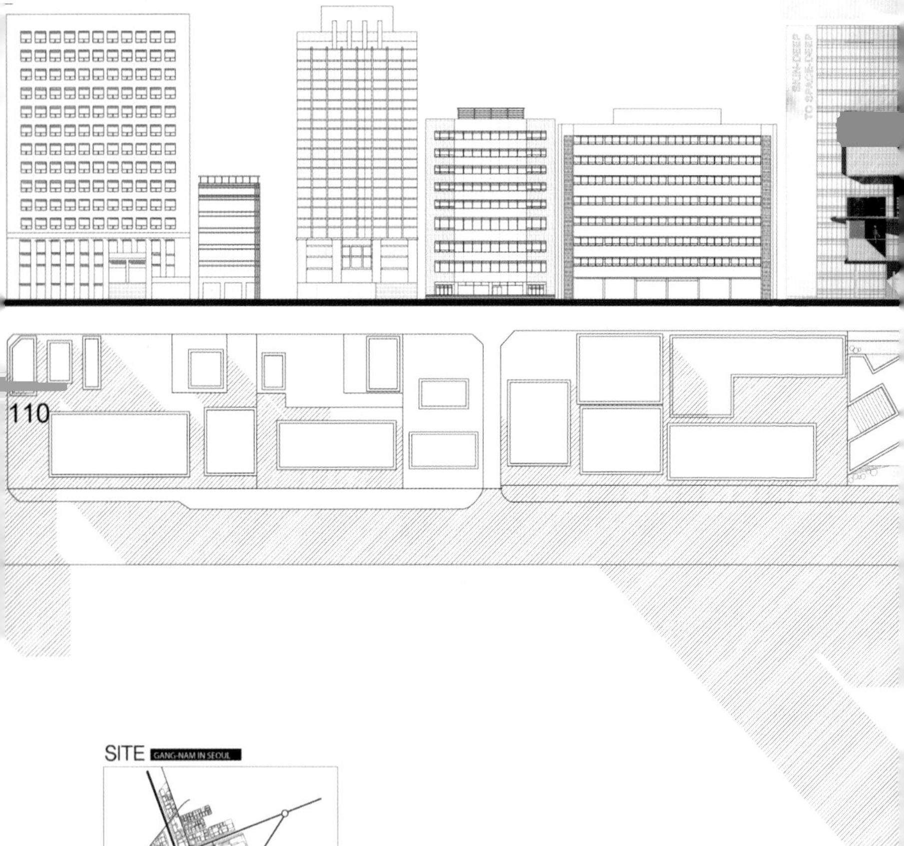

SITE GANG-NAM IN SEOUL

주제 : 건축에 부가되는 표피의 광고를 공간적으로 깊이를 넣어 재구성하는 안으로

유형 : 상업시설, 업무시설

위치 : 서울시 강남구 역삼동 814-6 (현 CGV건물)

면적 : 약 1,6667.3m2

건폐율 및 용적율 : 건폐율 58% (법정 60%), 용적율 780% (법정 800%)

TOO

PROJECT 5. 도시의 문신
SKIN-DEEP TO SPACE-DEEP

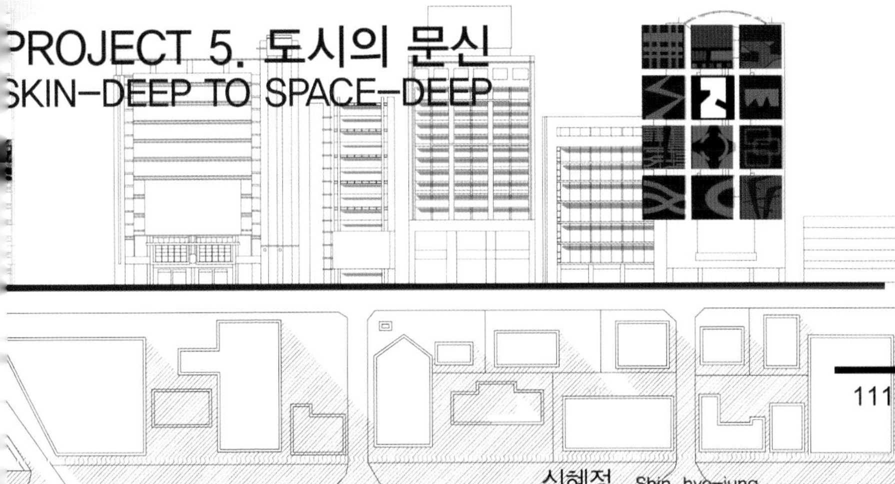

신혜정 Shin, hye-jung

현재 도시의 파사드는 현수막으로 가려지고 간판으로 뒤덮여 마치 사람의 피부에 새기는 문신처럼 도시의 문신으로 작용하고 있다. 이 도시의 문신은 제 역할을 제대로 하지 못하고 도시에 어지럽게 뒤덮혀있다. 외부의 사람들이 건물을 봤을때 도시의 문신으로 인해 건물의 파사드는 하나의 면으로 작용하여 사람들의 시선을 차단한다. 이 면에 사람들의 시선에 따라 깊이를 주어 공간을 형성한다. 이 공간은 시선에 따라 다양한 각도와 크기를 가지며 건물의 내부에 있지만 내부도 외부도 아닌 공간이 된다. 이렇게 생겨난 여러개의 공간들은 각자 분리된 것이 아니라 연결되어 건물내부에서 하나의 동선을 가진다. 또한 비어진 공간이 아닌 사람들의 다양한 활동이 일어나는 공간이 된다. 공간안의 광고판은 사람들의 행위로 인해 더욱 부각된다. 외부에서 그쳤던 시선들을 건물내부로 끌어들일 뿐만 아니라 외부의 사람들도 건물내부로 끌어들인다.

서울의 건축물에서는 파사드를 찾아볼 수가 없다. 현수막으로 가려지고, 간판으로 뒤덮인 벽면만 있을 뿐이다.

상업적 · 제도적 · 개인적 또는 그 어떤 형태로든 간판은 마치 잡초처럼 퍼져나가면서 공격적으로 숙주를 장악하고, 건물 본연의 모습을 완전히 새로운 종으로 바꾸어 놓는다. 사람들은 몸에 새기는 문신처럼, 도시의 문신은 그 외피를 뚫고 들어가지만, 그 메세지가 단순히 미적이거나, 상징적이거나, 묘사적이지 않다는 점에서 다르다. 도시의 문신은 마치 프로그램된 엑스레이처럼 건물의 내부기관을 드러낸다. 사람들이 마음속으로 그 건물을 꿰뚫어볼 수 있게 하는 일종의 합법적인 그라피티다

도시의 문신이 지나치게 많아지면 결국 건물마저 사라진다. 간판의 힘에 의해 도시는 최면에 걸려 끝없는 '데자뷰' 상태로 바뀌고, 그 과정에서 인간은 방향감각을 잃는다.

하지만 도시의 문신은 집단적인, 거의 원시에 가까운 미적특징을 갖고 있으며, 대부분의 도시들은 이를 상쇄시키려 한다. 개별적으로 보면 평범하고 불필요한 표지판이지만, 이러한 입면들이 모이면 도시의 얼굴이 된다. 모든 것이 (거짓된) 디자인의 대상이 되는 시대에, 도시의 문신은 대개 그들을 개탄하는 건축가와 예술과 문화를 고의적으로 파괴하는 것에 상응하는 결과를 낳는 그들의 영향을 없애려는 도시계획가들의 통제에서 벗어나 있다.

전갈, 십자가, 장미, 하트, 닻 등 온갖 영구적인 문신 장식들은 이제 전화번호, 음식점 상호, 병원 이름, 종교적 명언, 성경문구, 수많은 브랜드 등으로 대체되었다. 로고는 건축적 플래시 시트(저작권의 보호를 받는 문신 디자인 카탈로그에서 대량생산)가 건축가가 아닌 건축주가 건물의 표면을 덮을 스텐실을 선택한다.

파사드는 복잡하고 비싸고 영구적인 반면, 문신은 간단명료하고 제거 가능하다. 재료는 대개 접착성이 있는 플라스틱 필름에 인쇄해 사용한다. 경량의 박스 형태로 제작할 수도 있고, 사실 어느 표면에나 설치할 수 있다. 이러한 문신은 서울이 공산품이 아니라 유기체임을 다시한번 상기시켜준다. 이들은 자신만만한 서울의 도시 모습을 만드는 데 일조하며, 만지는 모든 것을 동질화 및 일반화시키는 '미다스의 손' 현상으로부터 서울을 보호한다.

문신은 '기념비성' 을 방지한다. 다양한 레이어를 만들어내고, 거리의 경험을 더욱 풍요롭게 하며, 궁극적으로는 서울의 현재 모습, 그 진정성을 확보하는 데 기여한다.

강남역 상권은 지하철 2호선을 중심으로 테헤란로, 강남대로, 서초로로 나누어진다. 강남역 상권은 지하철을 중심으로 동서남북 4방향으로 상권들이 뻗어 있다. 지하 상가와 지하철역 6번과 7번출구에서 신논현역 4거리까지 유흥 상권을 형성하고 있고, 역삼방향의 테헤란로, 양재역의 강남대로, 서초로는 사무실 및 아파트 단지들이 위치해 있다. 강남역 사거리는 강북과 분당, 수원, 용인 등 주변 신도시와 연결되면서 수도권에서 서울로 진입하는 관문역할을 하게되면서 오피스, 학원, 유흥 등 견고한 소비상권으로 자리 매김하고 있고, 테헤란로는 벤처 1번지라고 할 만큼 벤처 기업들이 앞다투어 강남으로 몰리면서 꾸준한 성장을 하고 있다.

특히 강남대로변 중심으로 학원, 성형외과 등이 주를 이루고있고 국내 유명 브랜드들이 자리잡기 시작했고 교보 타워 4거리를 경유하는 신분당선의 개통으로 상권이 확대되어 가고 있다. 또 학원, 유흥 판매 시설이 확대되면서 강남역 자체가 만남의 장소로 이용되면서 20, 30대 젊은 층이 몰리면서 주변 상가들이 호재를 누리고있다. 6번 출구 뉴욕제과 앞은 만남의 장소로 지금도 많은 사람들에게 유명하다.

GANGNAM ANALYSIS

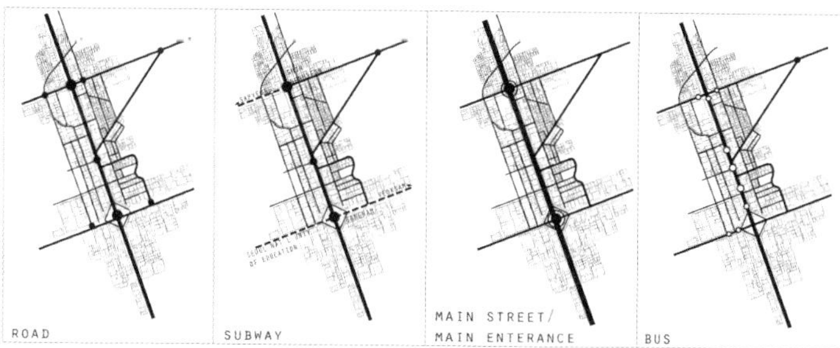

EXPANSION OF VISION

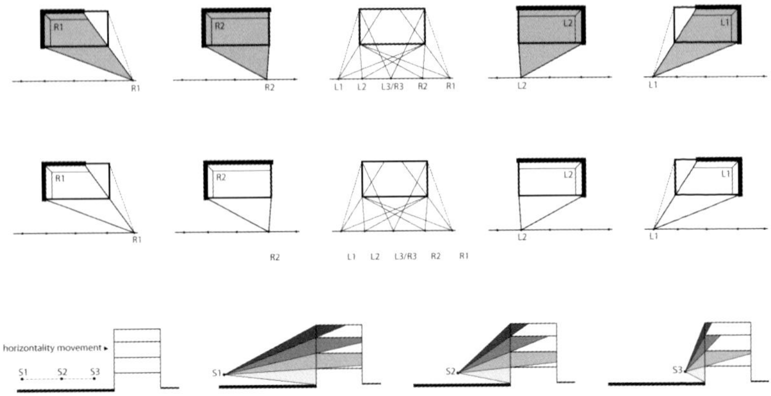

COGNITIVE DOMAIN OF SPACE

The 'expantion of vision' has been gaining so much attention. Because the multitude of vision in architectural spaces brings freedom and endless imagination to peple.

공간지각은 사람의 이동에 수반되는 시지각적 시퀀스(sequence)에 의해 생성되며 공간의 실제적인 흐름에 따라 다차원적으로 지각된다. 이러한 인지적 공간은 여러 가지 요소들의 변화가 의미작용의 전체적 체험을 형성하게 하는 것이다. 인간의 시지각은 능동적이고 적극적이며 구조와 형태에 따라 선택적으로 행해지고, 이러한 인간의 시지각 과정은 공간을 이동하는 관찰자 움직임에 의해 이루어진다. 시각적 지각요소에 의한 공간지각은 시간과 운동의 연속과정 속에서 이루어지는 것이다. 이러한 공간에서의 시간과 운동의 연속과정을 시퀀스(sequence)라 한다. 시퀀스는 시지각적 이해와 순서로서 시간을 바탕으로 하여 시각적, 공간적 이동에 의한 공간과 공간 사이의 시각적인 연속성을 말한다.

사람들은 다양한 시선을 가지고 있다. 그리고 이 시선들은 각기 다른 지각영역과 각도를 가지고 있다. 외부공간과 내부공간과의 거리가 멀수록 내부공간인식의 폭은 커지고 바라보는 각도는 완만해지고 거리가 가까울수록 내부공간인식의 폭은 줄어들며 바라보는 각도는 급해진다.

현재 건물의 입면은 도시의 문신으로 인해 하나의 면으로 인식한다. 그리고 이 면은 사람들의 시선을 차단하여 시선이 외부에서 그치게 한다. 이러한 면에 깊이감을 주어 공간들을 형성한다. 공간들은 무분별하게 형성되는 것이 아니라 다양한 사람들의 시선에 의하여 생겨난다. 세개의 도로를 면하고 있는 사이트에는 다양한 시선들이 존재한다. 길 건너편 사람들의 시선, 자동차안의 운전자가 바라보는 시선, 뒷도로 사람들의 시선, 대로를 접하자마자 보이는 시선 등. 이 시선들로 인해 생겨난 공간은 다양한 깊이와 각도를 가지며 건물내부에서 외부도 내부도 아닌 공간으로 작용한다.

SKIN-DEEP

_TO SPACE-DEEP

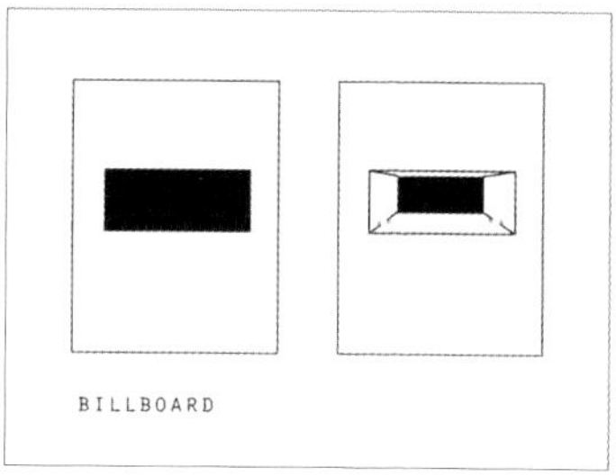

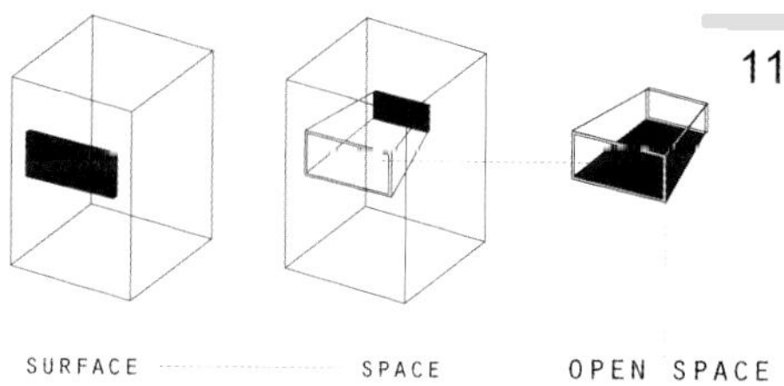

CREATE A NEW SPACE

_VARIOUS ANGLE
AND SCALE OF OPEN SPACES.

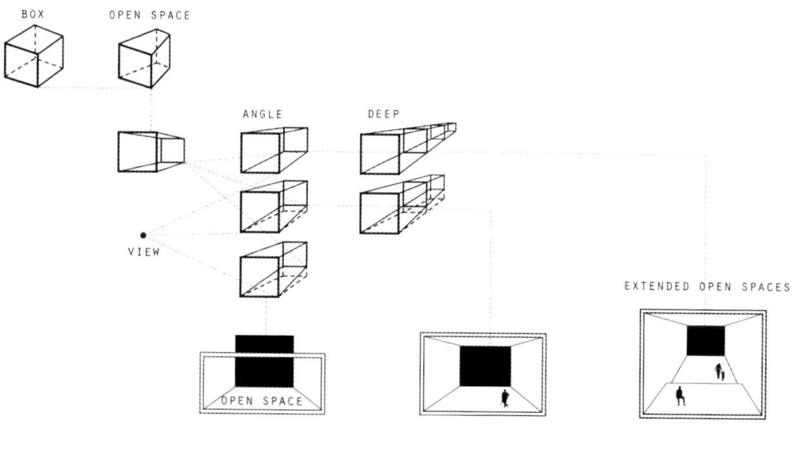

다양한 시선들에 의해 생겨난 공간들은 비어진 공간이 아닌 사람들의 다양한 활동이 일어나는 Open Space로서 각자 분리된 것이 아니라 연결되어 건물내부에서 하나의 동선을 가진다. 동선은 건물 내부의 프로그램과 다양한 관계를 맺으며 연결된다. 저층부의 7m레벨 차이가 나는 두 도로는 2개층으로 나누어져 연결되어 많은 사람들의 유입이 이루어진다. 프로그램으로 체험공간과 Mall이 위치하여 가장 활발한 관계가 이루어진다. 이 동선은 다음 Open Spcae와 연결되는데 여기에는 Office가 있어 Office에서 홍보수단이 되어지는 Gallery는 Open Space와 관계를 맺으나 나머지 부분들은 철저히 분리된다. 계속해서 이어진 Open Space를 따라가다보면 다시 활발한 내부관계를 맺게되는 문화공간으로 도달하게 된다. 이 공간은 여러가지 공연과 이벤트등이 일어나는 공간이다.

Open Sapce안의 광고판은 사람들의 행위로 인해 더욱 부각된다. 광고판이 도시의 문신으로 작용하여 읽히지 않고 어지럽게 도배되어 있는 상황에서 이러한 공간화를 통해 Open Space를 만들어줌으로써 광고판의 궁극적인 목적인 홍보를 극대화하면서 사람들에게는 활동할 수 있는 공간을 제공해준다. 또한 외부에서 그쳤던 시선들을 건물내부로 끌어들일 뿐만 아니라 외부의 사람들도 건물내부로 끌어들인다.

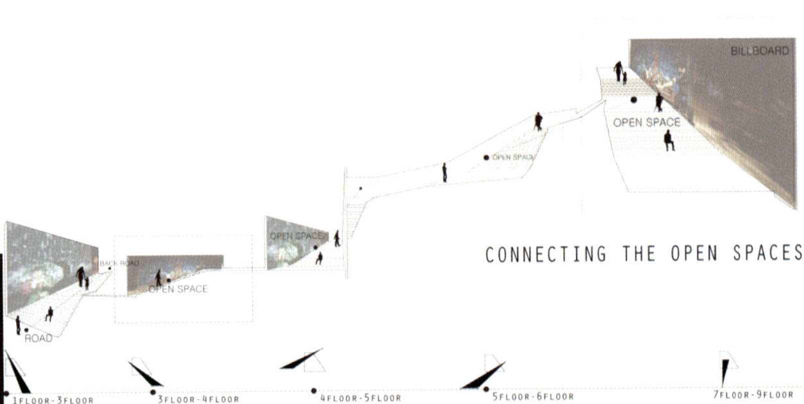

CONNECTING THE OPEN SPACES

OFFICE

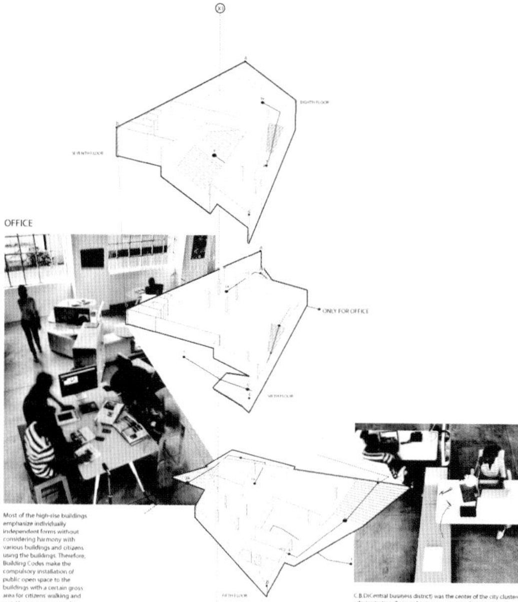

Most of the high-rise buildings emphasize individually independent forms without considering harmony with various buildings and citizens using the buildings. Therefore, Building Codes make the compulsory installation of public open space to the buildings with a certain gross area for citizens' walking and rest. However, current urban public open space is only privately used regardless of public purposes such as a path to enter buildings and a parking lot to reduce parking difficulties.

C.B.D(Central business district) was the center of the city clustered administration, finance, business, commerce but it is recently required of functions of culture, interaction, and leisure as the changes of urban environment and people's needs.

It needs to lead civil participation in the planning of public open spaces to build public open spaces reflecting citizens' opinions. Public open spaces with characteristics of both private and public areas have been an important factor creating the image of the city. The space should be planned as a useful space instead of abandoned and useless space to contribute to improving urban space.

OPEN SPACE

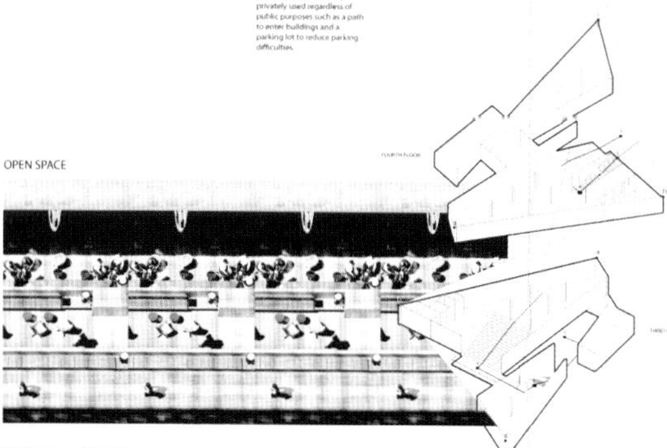

Urban architectures provide citizens open paths, natural environments, and places to relax by using the low floor as the open space through considering harmony with buildings and as public streets connecting buildings.

Public open spaces with characteristics of both private and public areas have been an important factor creating the image of the city. The space should be planned as a useful space instead of abandoned and useless space to contribute to improving urban space.

SHOP

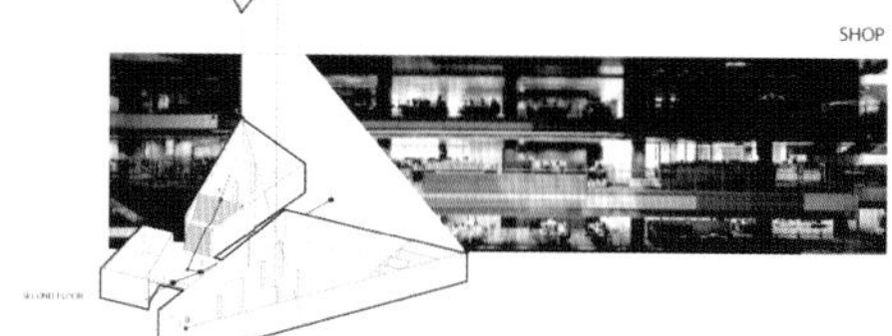

The buildings in commercial zones are mostly used as offices and the low floor is so closed for general people like a lobby and a bank that the use of the outside public open space connected to the floor is also poor. This urban center by regulating the low floor of buildings through institutional factors causing citizens' interest and attracting them to the urban area.

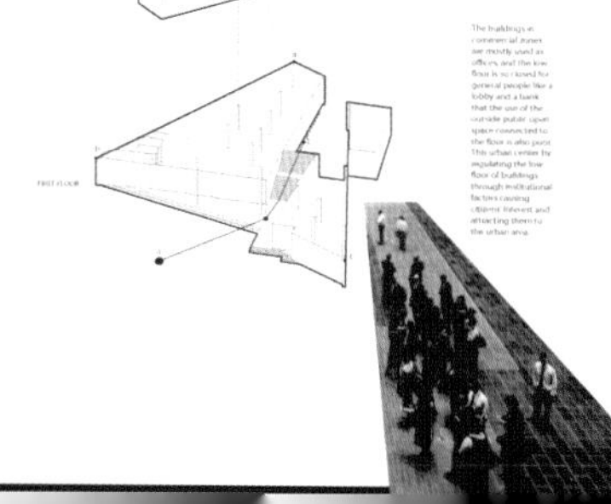

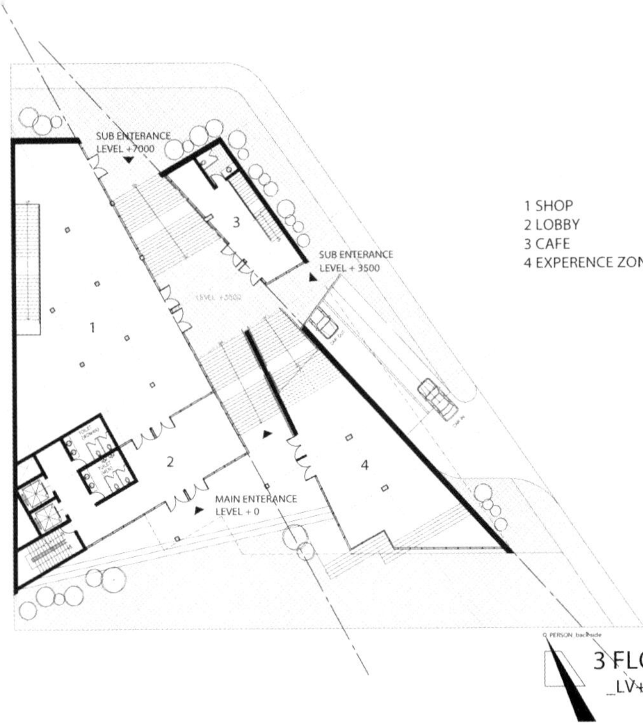

1 SHOP
2 LOBBY
3 CAFE
4 EXPERENCE ZONE

3 FLOOR
_LV+3500

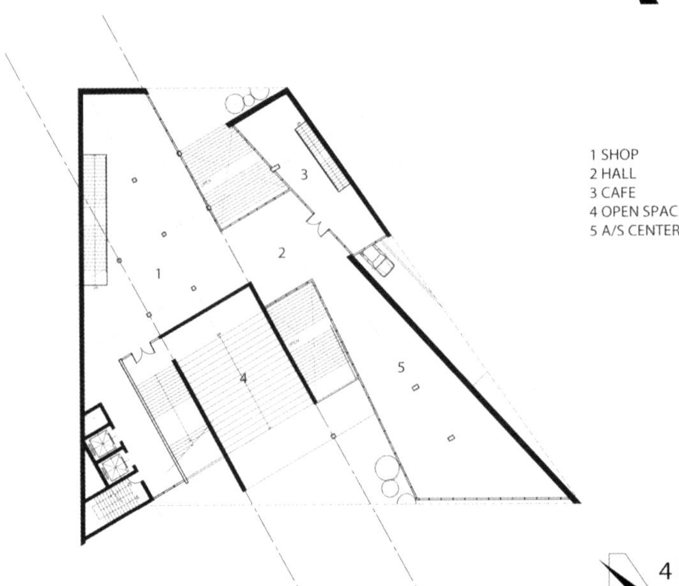

1 SHOP
2 HALL
3 CAFE
4 OPEN SPACE
5 A/S CENTER

4 FLOOR
_LV+11000

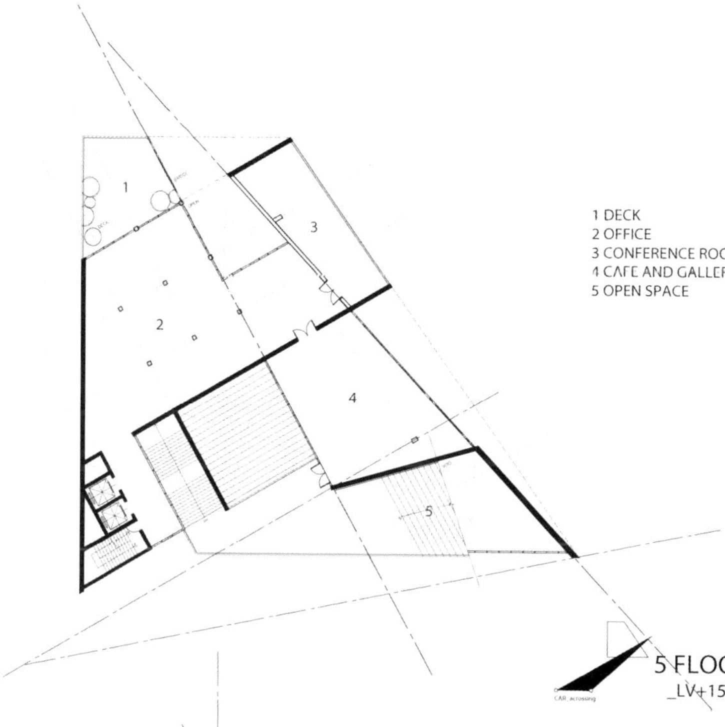

1 DECK
2 OFFICE
3 CONFERENCE ROOM
4 CAFE AND GALLERY
5 OPEN SPACE

5 FLOOR
_LV+15000

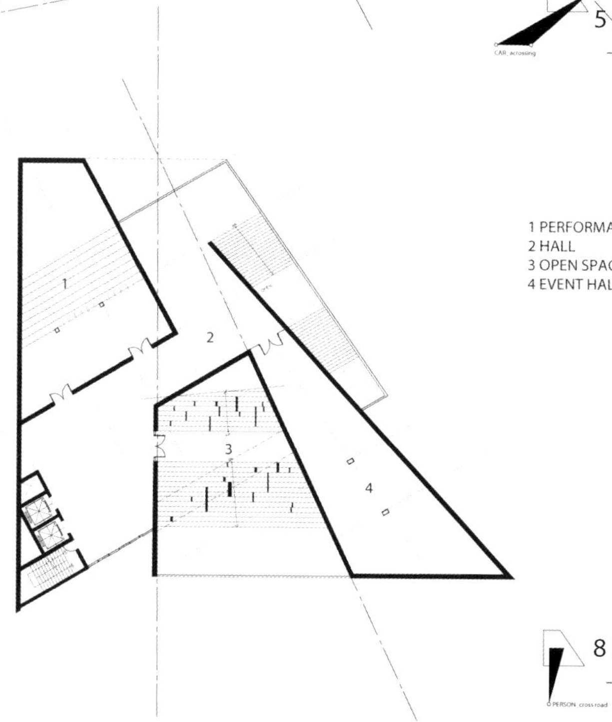

1 PERFORMANCE HALL
2 HALL
3 OPEN SPACE
4 EVENT HALL

8 FLOOR
_LV+27000

SCALE : 1/600

SKIN-DEEP TO SPACE-DEEP

All 'visual understanding' within this framework is something more than simply the perception done by the physic eye, and it is mediated by the contents of the society and culture that it belongs to, and society regulates th viewing method' of the world by people in their daily lives. Breaking from the one dimentional viewing of people th sees one object at a time, the multitude of vision in this experiment can only be appealing towards himans becau of the multi-dimentsional perceptions that it brings.

The person viewing this is connected to the product through an opening or a glass facade, however is forced interpret the image the way it is seen. If the strategy of 'expantion of vision' is used then abundant experiences c be induced by new interpretations and protean images in the same location. This kind of methodology program s layout. The space is structured by the vision of a third person (the viewer) and through the change in architect factors will become a new design method theory that will bring about the expansion of vision.

UNIQLO
SECTION

ALTER–EG

SITE GANG-NAM IN SEOUL

주제 : 무의미한 상업주의가 팽배한 강남에서 유쾌한 문화의 향유- 음악 공간 즐기기

유형 : 문화복합시설

위치 : 서울시 강남구 강남역 1310블럭

면적 : 약 12,600m2

건폐율 및 용적율 : 건폐율 80% 용적율 800% (제한 – 건폐율 80% 용적율 800%)

PROJECT 6. The other side of chaos city by enjoying.

이진숙 lee, jinsook

어떤 장소에 위치하든, 어느 시대이든 현대 도시는 겉으로 보이는 것과 다르게 나타난다.
졸업설계 주제로써 나는 사람들이 무의식적으로 지나쳤던 도시의 이중적 이미지를 바라보고, 그 자체를 도시의 당연한 현상으로 바라보고자 한다.
혼돈과 무질서, 물질 상업적 프로그램으로 가득 찬 도시 속에서 사람들은 도시의 다양한 밀도에 노출되고, 도시의 혼돈을 더욱 가중시키는 요소로서 역할을 한다.
도시의 이면은 이러한 현상에서 의도적이든, 자연발생적이든 필요불가결 한 부분이 된 공공영역의 존재성이다. 마찬가지로 공공영역의 발생과 존재 또한 사람들의 행위와 모임에 의해서 결정되는 것이다. 따라서 눈에 보이지 않은 행위들, 오히려 질서가 합당하지 않는 혼돈의 도시가 진짜 도시의 모습일지도 모른다.
이러한 시각은 도시의 물질적 상업주의가 팽배한 가운데에서 오히려 물질 문화와 공공 문화의 경계는 허물어져 간다는 배경에서 출발한다.

무의미한 상업주의가 팽배한 혼돈 도시

강남은 "맥락이 없는" 지역 중 하나로서, 나름의 역사와 특성을 가지고 있 서울의 다른 지역과는 다른 이미지로 해석된다. 서울의 곳곳에서 모여드 사람들은 강남에서 다양한 범위의 클럽, 바, 카페, 젊은 이들의 욕망을 채워 다양한 공간을 찾는다. 하지만 이러한 욕구에 대응하는 강남의 프로그램 지나치게 상업적이며, 다양한 흥미를 충족시키지 못하고 있다.

그렇지만, 우리가 강남이라는 지역을 언급할 때 '상업과 소비'를 언급하 않을 수 없다.

공공문화의 부재

국내에서 '문화'가 시대의 화두로 대두된 것은 여가와 소비가 중요해지 시작한 1990년대부터다. 그러나 그 정의는 여전히 광범위하고 애매한 지점에 머물고 있는 것이 현실이다. 도시 마케팅 차원에서 도시가 예술을 도입하는 중요한 계기가 된 2005년 안양 공공예술프로젝트(APAP) 이후 이는 서울시 도시 갤러리 프로젝트의 시발점이 되었다. "도시 작품이다"라는 르페브르의 말을 모토로 한 도시갤러리 프로젝트는 미술뿐만 아니라 건축과 디자인 협업을 통해 도시를 작품으로 만들려는 일련의 시도들로 공공예술의 도시 공간화를 촉진했다.

강남은 이러한 문화맥락적 흐름에 호응하지 않은 채, 초고층 빌딩들만이 난무한 지역으로서 발전하고 있다 강남엔 공간이 부재한 채 빌딩숲을 이루고 있을 뿐이다.

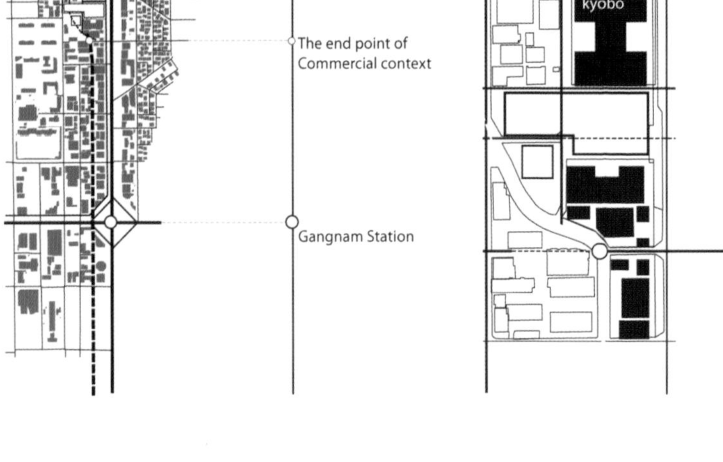

TRO : 도시 내 문화 소비 공간

시 내에서 발견되는 공공 환경보다 더욱 '공공'적인 것은 무엇일까? 공공 공간은 사람들이 서로 나는 곳이며, 또 이질적인 것들이 만나는 곳이다. 공공 공간은 소통 장소이자, 사회의 동력원이다. 세상의 모든 사회들은 급격한 변화 과정 속에 있다. 그렇기 때문에 공공영역 안에서의 경험들은 들 변화들을 이해하기 위해 반드시 필요하다.
한 동시에 이러한 시작된 과정에 내한 조정자이자 통역가가 되고자 노력한다. 즉, 서로 다른 람들이 만나고, 정착하고, 도시성을 만들어내는 데 도움이 되는 '다리'와 '교차로'를 설계하고자 한다.

공문화와 상업소비의 교차점

에 보이지 않는 공공 문화 공간도 상품화 되어 소비되는 현상이 도시에서 일어나고 있다. 상품화 는 과정에서 사람들의 본성적 욕구는 유흥과 쾌락이고, 이 또한 무형의 상품으로서 가치를 지니고 다. 아이러니하게도, 문화 공간은 산업화와 도시화 속에서 발생하는 황폐화를 막을 수 있는, 사회가 요로 하는 공간으로서의 이미지로 자리매김 해왔다. 하지만 이면의 도시에서 순수하게 예술과 화의 향유로써만 작용되는 공간은 존속할 수 없게 되었다. 이것은 새로운 재화의 가치를 생산하는 질적 공공 문화 공간이 필요한 이유이다.

TER EGO

또 다른 자아, 이중적 성격' 이라는 사전적 의미를 도시 내 건축공간에 부여하고자 한다. 이것은 업과 공공문화, 채움(SOLID)와 비움(VOID) 등의 건축적 공간의 성격과 상응할 수 있다. 또한 부지의 택에 있어서도 두가지 대응하는 맥락이 대립되는 지점을 성함으로써 건축 공간이 도시안에서 통의 역할로써 작용함을 꾀하였다.

E END POINT OF COMMERCIAL CONTEXT

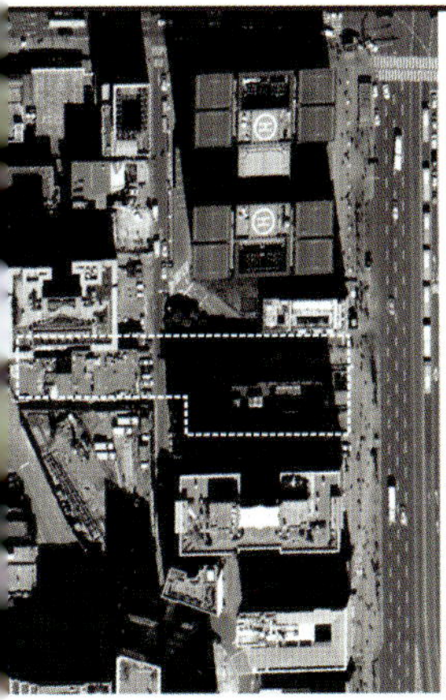

PUBLIC AREA

PROCESS

THE ARCHITECTURAL FORM IN CITY WHICH IS COMMERCIALIZED TOO MUCH

the traditional commercial diagram

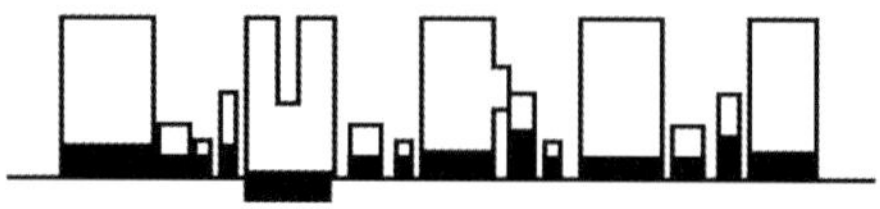

the commercial value diagram-fat at bottom, thin at the top

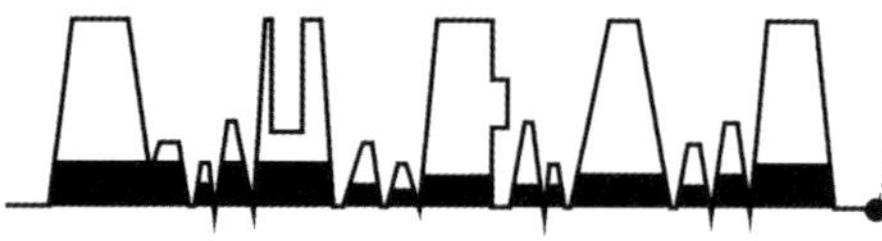

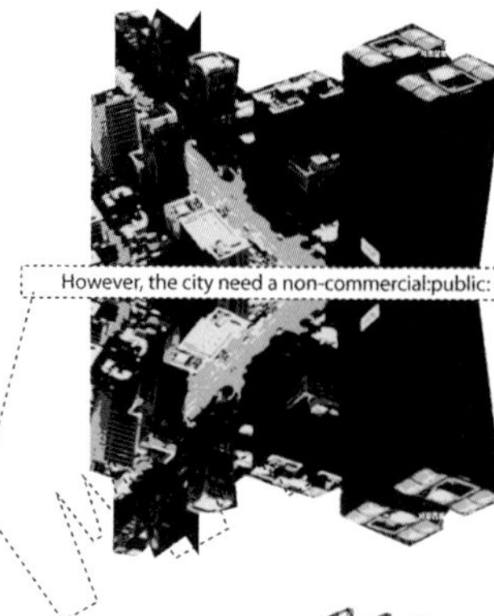

PROGRAM

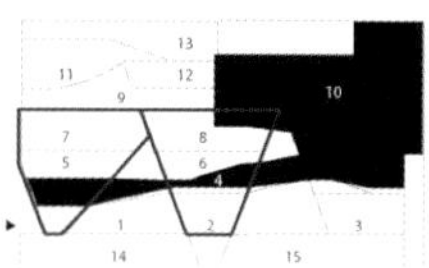

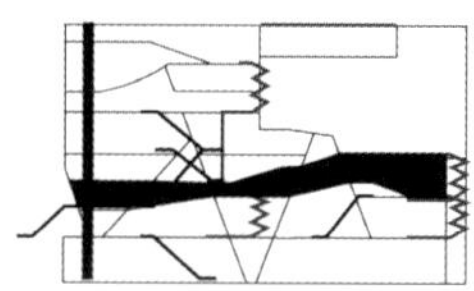

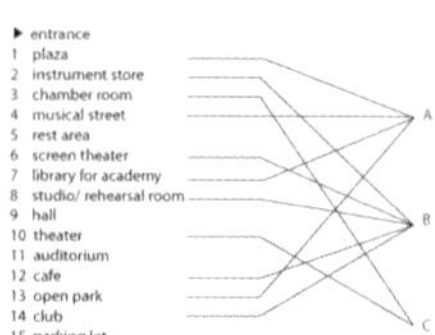

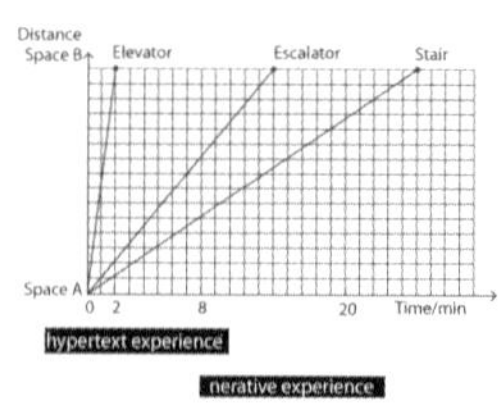

SPACE DIAGRAM FOR EACH FUNCTION

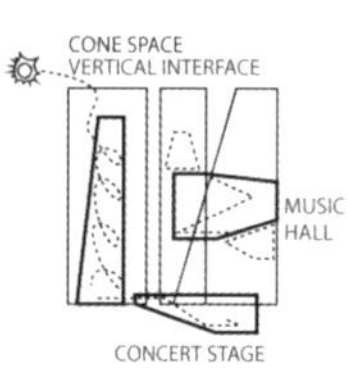

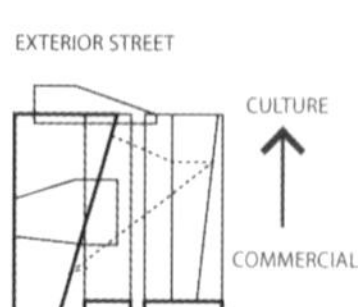

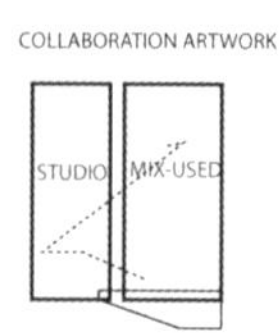

METHOD FOR MAKING PUBLIC AREA WITH COMMERCIAL

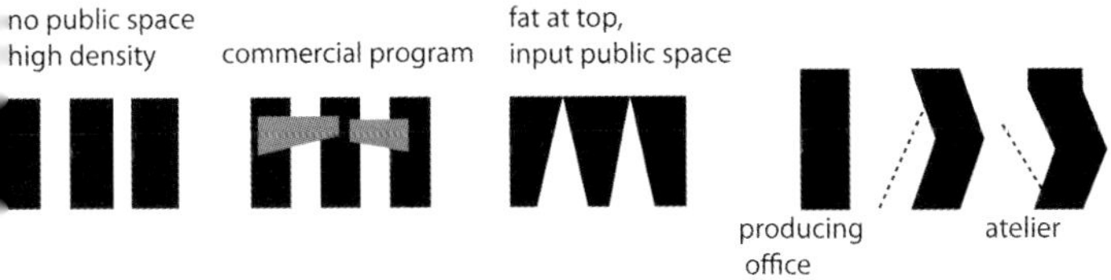

SECTION PERSPECTIVE

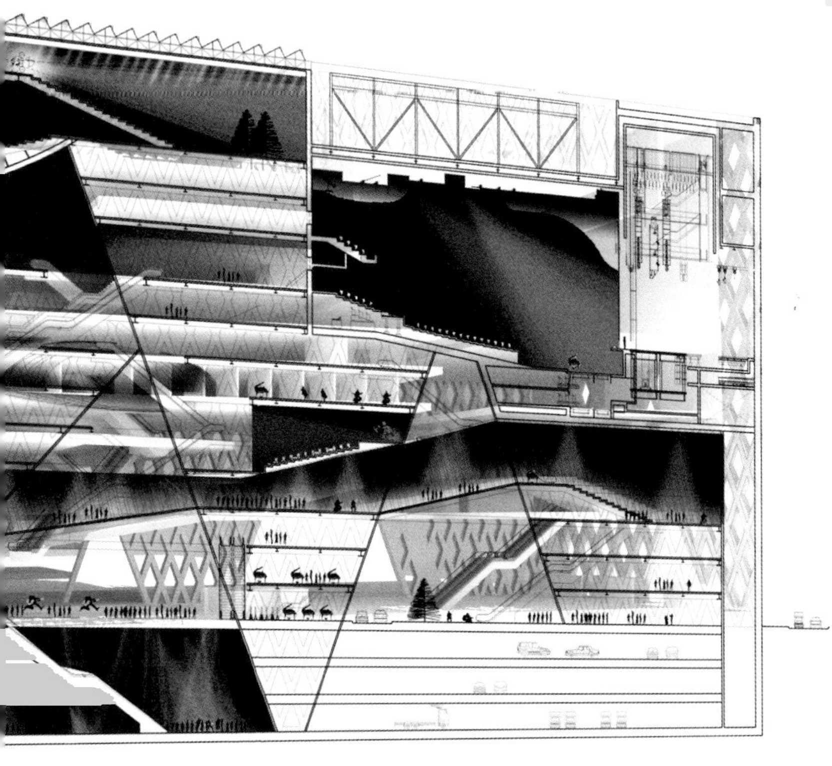

PERSPECTIVE

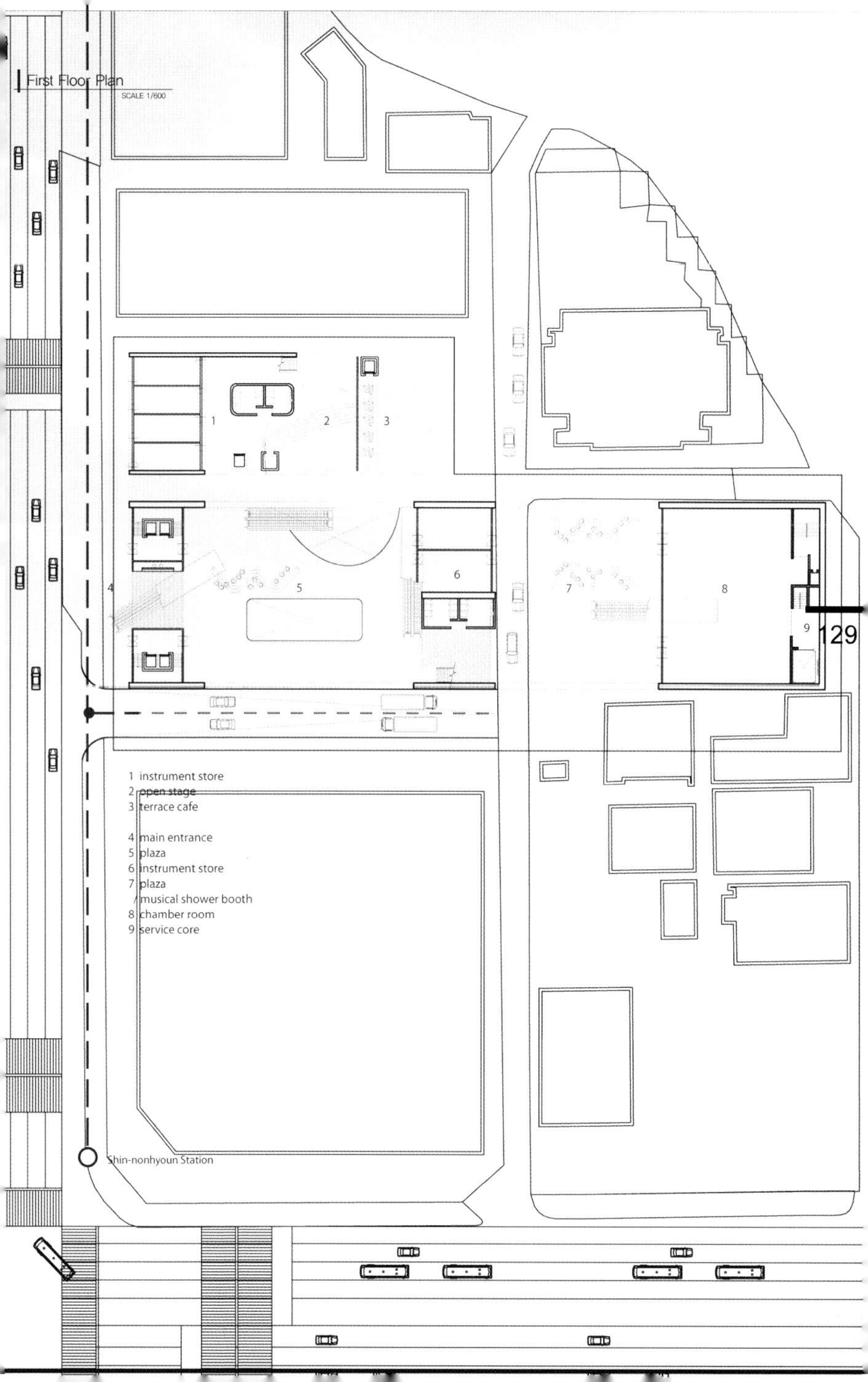
First Floor Plan
SCALE 1/600
1
2
3
4
5
6
7
8
9
1 instrument store
2 open stage
3 terrace cafe
4 main entrance
5 plaza
6 instrument store
7 plaza
/ musical shower booth
8 chamber room
9 service core
Shin-nonhyoun Station

view from musical street

view from opera theater hall

view of top floor

1 terrace cafe
2 studio
3 lobby
4 entrance lobby
5-7 musical street/ kiosk
8 silence hall
9 service core

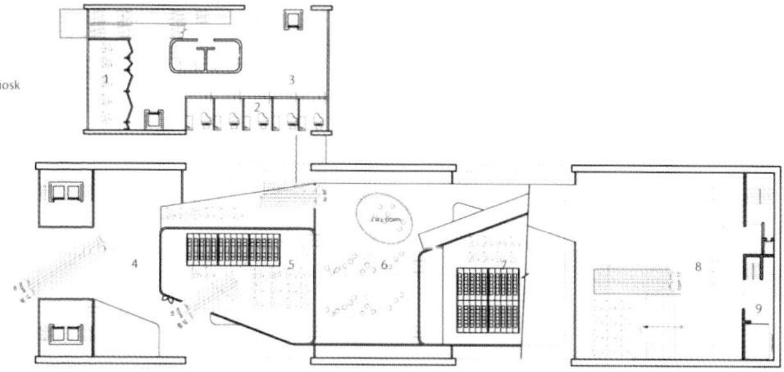

4F

1 studio
2 lobby
3 library/ rest area
4 video room
9 service core

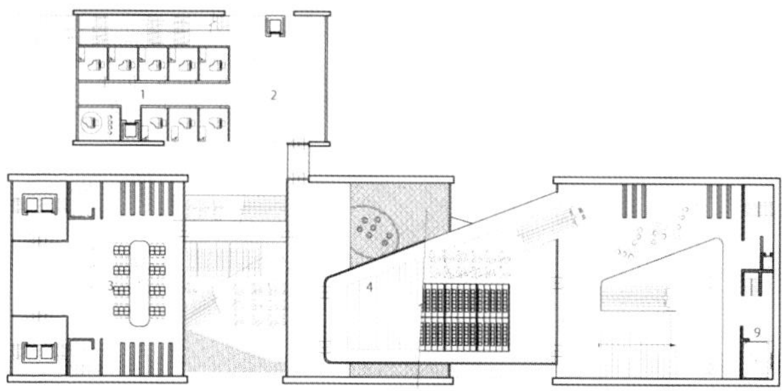

5F

1 cafe
2 foyer
3 performance hall
4 cafe
5 rehearsal room
6 machinary room
9 service core

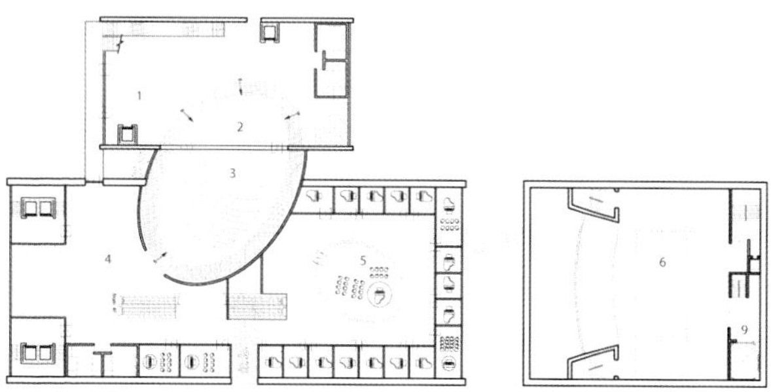

7F

1 cafe
2 producing studio
3 cafe
4 auditorium
5 hall
6 theater
7 stage
9 service core

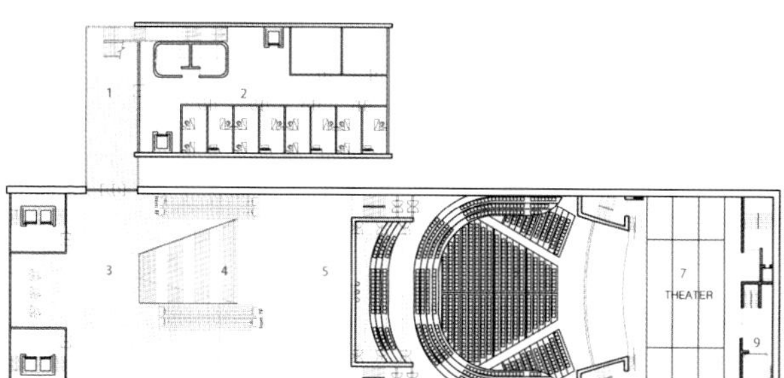

10F

AXONO METRIC

광장은 일상 공간이 되어야 한다. 강남과 같은 밀도 높은 도시 내에서 광장의 마련은 쉽지않은 시도일 수 있다. 하지만 사람들이 모여 그들의 일상 생활과 문화를 누리는 공간의 특성은 광장을 전제로 한다. 사람이 모이면 소비는 자연스럽게 뒤를 따른다. 그것은 일종의 문화 소비로써 기존의 강남의 상업이 사람들에게 제공하지 못했던 프로그램이다.

- ▶ entrance
- 1 plaza
- 2 instrument store
- 3 chamber room
- 4 musical street
- 5 rest area
- 6 screen theater
- 7 library for academy
- 8 studio/ rehearsal room
- 9 hall
- 10 theater
- 11 auditorium
- 12 cafe
- 13 open park
- 14 club
- 15 parking lot

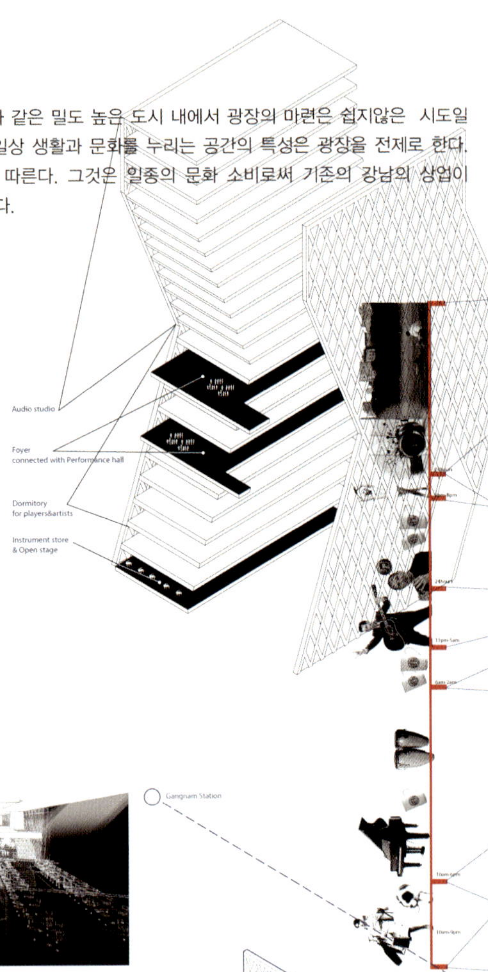

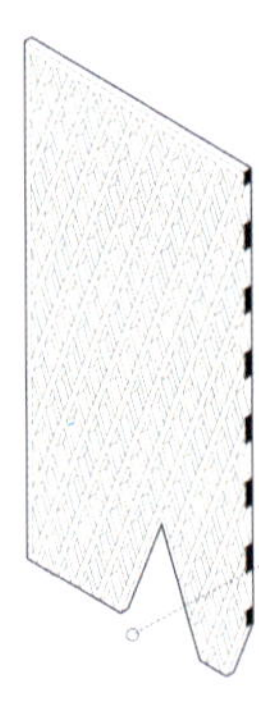

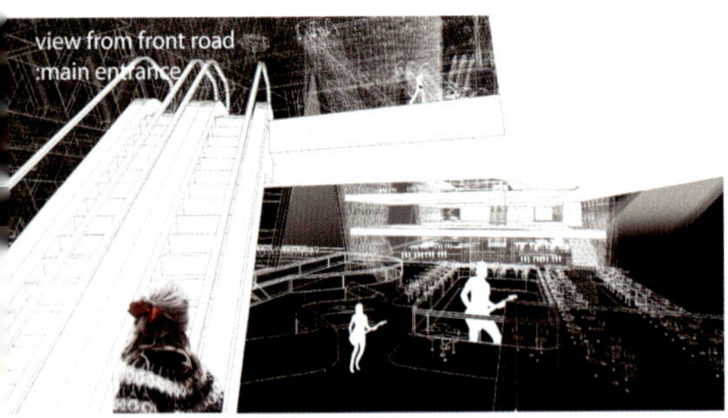

view from front road
:main entrance

view from second plaza

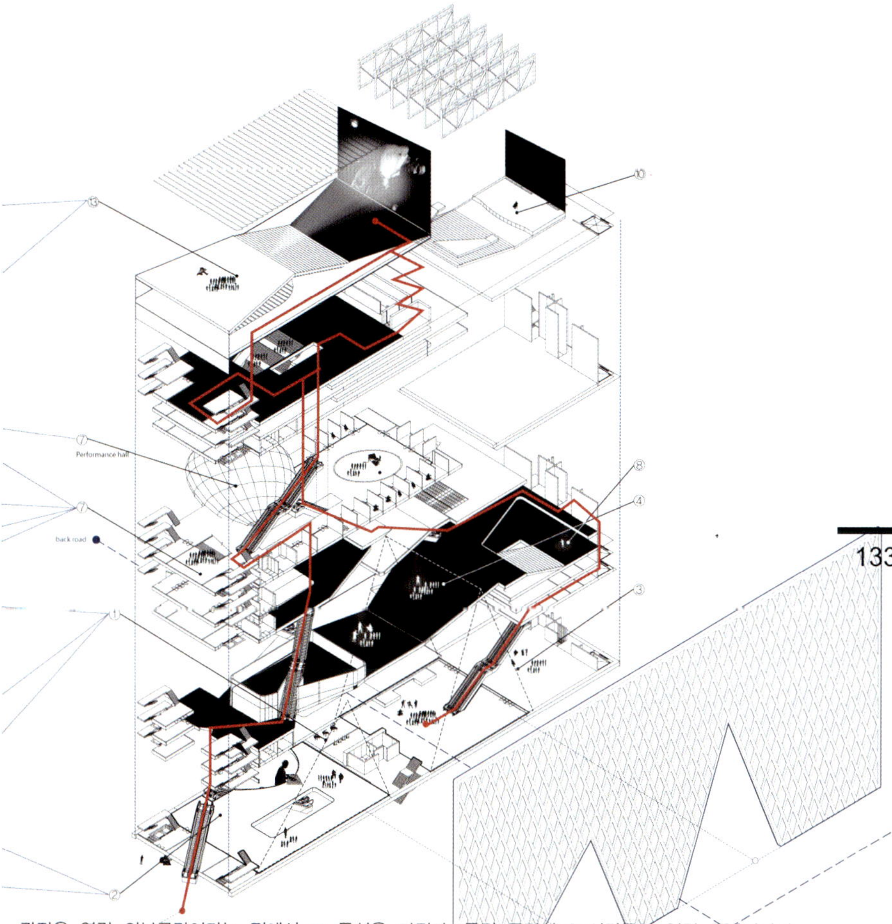

광장은 열린 외부공간이라는 점에서 그 특성을 가진다. 특정 공간이 24시간동안 열린 공간이면서 사람들이 언제나 찾아가 문화소비를 할 수 있도록 한다.

하지만, 24시간 건물이 운영된다는 것은 많은 위험요소를 수반하게 되는 부분이다. 더군다나, 강남이라는 지역은, 저녁이 되면 낮에 강남대로와 강남의 건물들을 향유하던 사람들이 사라짐과 함께 도심의 우범지대화가 벌어지는 지역이고, 이는 강남구청의 존재에도 불구하고, 수많은 범죄가 강남대로의 뒷길에서 벌어지는 점들을 감안할 때, 굉장히 심각한 사회문제이다. 강남지역의 이러한 이중적인 면모를 보완하기 위한 요소로서 최근 국내에서도 대두되고 있는 셉티드 건축의 언어들을 차용한다. ‘열린공간’ 은 영역의 정체성을 가짐과 동시에 “자연적 감시(natural surveillance)”이 가능한 방어공간(Defensible Space)으로서 작용한다. 광장은 자연적 감시가 이루어지는 장소로서 역할한다. 이것은 단일건물 내부의 치안유지 뿐만이 아닌, 강남 전 지역의 사회문화적 의의를 지닌 건물로서 기능하게 됨을 꾀하는 것이다.

DENSE EQ

SITE GANG-NAM IN SEOUL

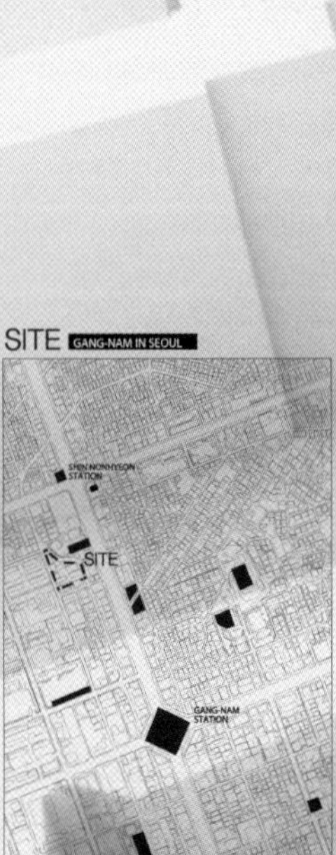

주제 : 법적인 면적 한도 내에서 보이드 공간을 고려하는 주상복합 디자인

유형 : 복합시설 (주상복합)

위치 : 서울시 강남구 강남역 1309블럭

면적 : 약 6,000m2

건폐율 및 용적율 : 건폐율 70% 용적율 700% (제한 – 건폐율 70% 용적율 700%)

JILIBRIUM

PROJECT 7. 밀도 평형

노무영 Roh, moo-young

일률적으로 적용되는 주상복합의 계획 논리는 주거와 상업이 소통하지 못하는 구시대적 유물이다. 주거의 커뮤니티가 상업에도 투영되는 라이프스타일에 맞게 주거와 상업은 재복합되어야만 한다. 건축적 조건을 만족시킬 수 있는 조합을 찾는다. 이를 위해 상업과 주거는 용도가 우선적으로 필요로 하는 조건에 자리를 잡으며 혼합된다.

그리고 여기서 용적율이 가지는 기능성에 주목한다. 용적율을 위해서 사용되는 보이드 공간의 역할과 가능성을 인지한다. 단편적으로 사용되는 보이드를 적절히 분리하고 덧붙여서 주거와 상업을 혼합하는 수단이 된다. 건물공간과 각각의 외부공간은 개별적 의미를 가지면서도 주변의 건축적 맥락과 소통하는 복합건물이 되도록 한다.

더 높이 더 높이, 집적화되는 강남

한강의 기적을 이뤄낸 한국은 급격히 성공적으로 성장한 몇 안되는 국가중 하나이다. 그리고, 그 성장의 중심에 한강의 남쪽, 강남이 있다. 지리적으로 서울의 관문이 되는 지리적 이점과 근대 이전 서울의 경계에서 성장하는 도시를 확장하기 위한 이해관계가 강남을 급격한 발전을 이루게 했다.

고층화가 가능한 기술의 개발로 수직적으로도 팽창 가능해진 건물들은 도시가 더욱 더 높아지고, 최근의 초고층화 기술은 반도체의 집적화와 비견될 만할 정도가 되었다. 이렇게 치솟는 건물들에 대하여 서울시는 새로운 문제가 있음을 인지하면서도 법적 높이 제한을 더 높이고, 높이 규제를 완화하는 법령을 만들고 있다.

그리고 그 중심인 강남은 더욱 더 높아지고, 더욱 많은 마천루들이 들어서고 있다.

고밀도 도시, 강남역에서 주상복합 역할 찾기

프로젝트는 1900년대 초반에 확립되어진 국제주의 양식*의 주거동, 우리가 아파트라고 부르는 형태에서 출발한 주상복합의 형태가 지금에도 적용가능한지 의문을 가지는 데에서 출발한다. 일반적으로 계획되는 주상복합을 한번 생각해 보면, 유동인구의 수요에 대응하기 위해 상업시설이 바닥에 깔리고 그 위에 주거가 일조를 위해 인동간격을 가지고 아파트 단지처럼 세워놓는다.

이로 인해 바닥의 상업시설과 주거단지는 서로 벽으로 격리되어 있으며 주변 맥락을 적극적으로 수용하지 못하는 디자인은 비효율적이거나 사용되지 않는 공간을 만들고 있다. 수직으로 적층된 주거는 서로 소통하지 못하고 있다.

이 프로젝트는 더 나은 현재의 맥락에 맞는 복합건물을 제안하며 새로운 공간구성 방식으로 기존의 주거동이 가지고 있는 문제를 해결하고, 지금의 라이프스타일에 맞는 복합시설을 디자인해 고밀도 도시 강남에서 새로운 주상복합의 가능성을 찾고자 하는 것이다.

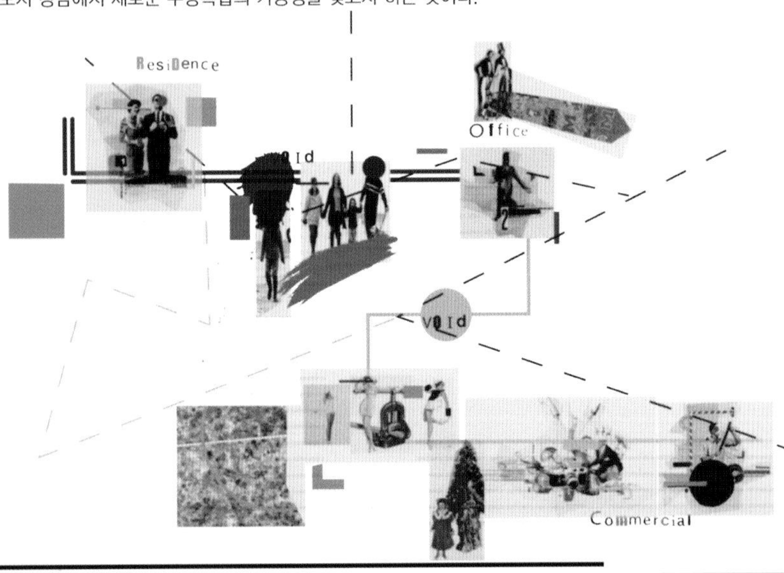

INTRO : 고밀도, 컨텍스트에 대응하는 주상복합

서측면은 도로를 면하여 주거단지가 위치하며, 동측면의 도로는 강남대로의 유동인구를 수용하는 상가가 골목을 이루고 있다. 동측면의 저층부는 상업지역에 대응하기 위하여 동측에는 상업시설을 배치하며, 서측에는 주거시설의 로비 역할을 할 수 있는 공간을 구성한다. 일조를 고려하여 남측에는 주거부가 먼저 자리 잡으며, 일조를 받지 못하는 곳은 오피스로 사용한다.

사이트의 중심에는 상업시설을 위한 보이드가 관통하며, 상업공간의 시선을 유도한다. 이러한 상업시설을 소비하려는 유동인구의 유도는, 시선뿐만 아니라 공간을 통하여 이동할 수 있도록 한다. 이를 통하여 보이드는 자연스럽게 형성되고 이러한 보이드는 자신의 역할을 수행할 수 있도록 디자인된다. 이러한 보이드는 공간과의 유기적으로 작용하면서 수직적으로도 연속성을 가진다. 이러한 연속성은 지상과 멀어지면서 자연스럽게 상업성이 제거되며, 이러한 공간은 주거동이 사용할 수 있는 공간이 된다. 고층부분에는 일조를 위한 보이드와 통풍을 위한 보이드가 생성된다.

PROGRAM : 용적률을 만족하는 최적의 VOID찾기

사이트의 최고 높이 규제는 일정수준의 높이로 면적을 채우고도 충분한 VOID를 가질 수 있다. 관습적으로 밑에서부터 채워나가는 방식에서 벗어나, 이러한 VOID가 가지고 있는 가능성을 최대한 활용한다.

일조와 기능을 만족하고, Tower in the Park' 라고 불리는 수직적인 아파트와 나머지 빈 공간을 녹지로 채우는 공간 구성방식에서 벗어나기 위하여 Void를 건폐율, 용적율을 달성하기 위한 수단으로만이 아닌 상업공간의 목적에 적합한 Void로, 주거공간의 목적에 적합한 Void로 구성한다. 이러한 각각의 보이드는 고층에 맞는 녹지공간 휴식공간의 구성, 상업공간에 적합한 디자인의 구성으로 발전한다.

BUILDING COVERAGE RATIO 70%

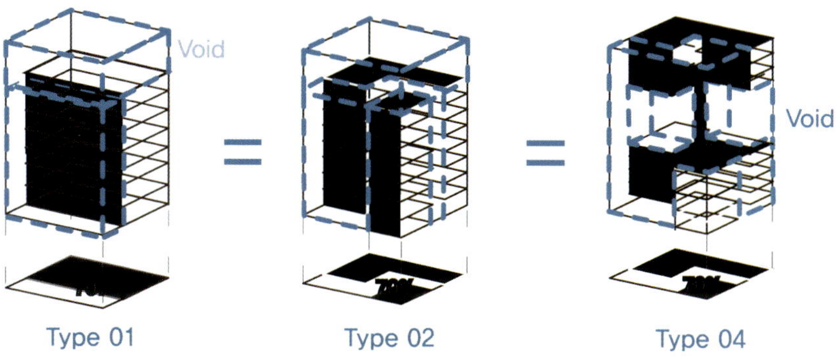

PROCESS

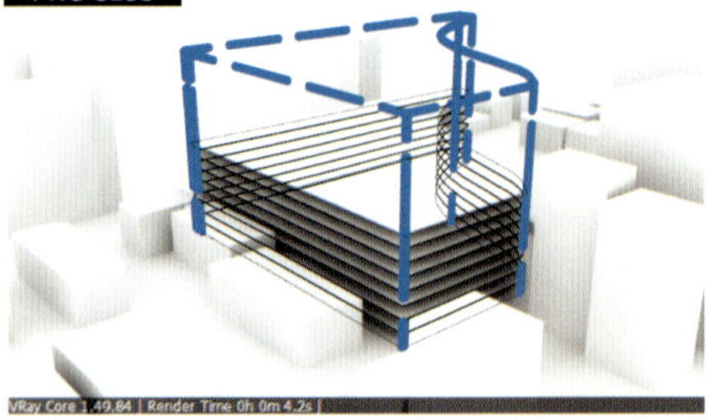

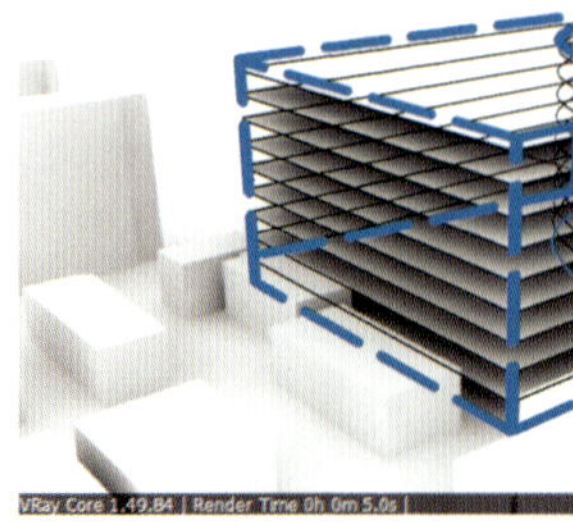

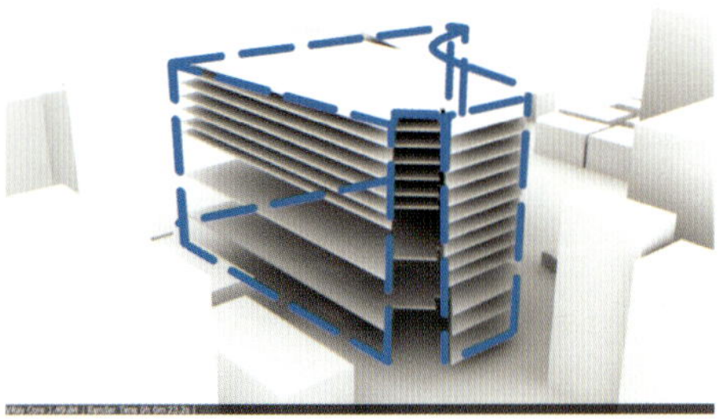

Entrance

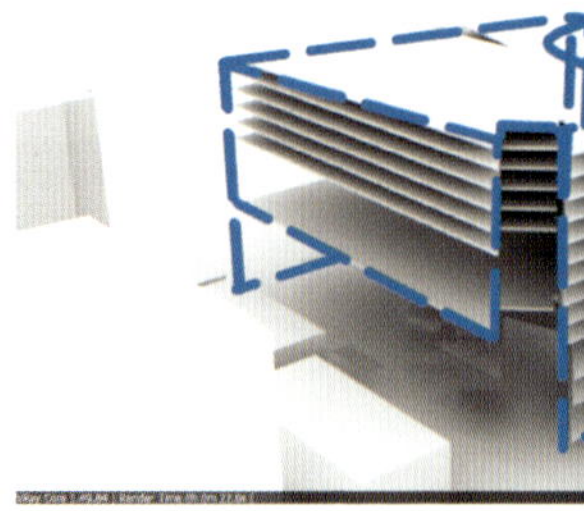

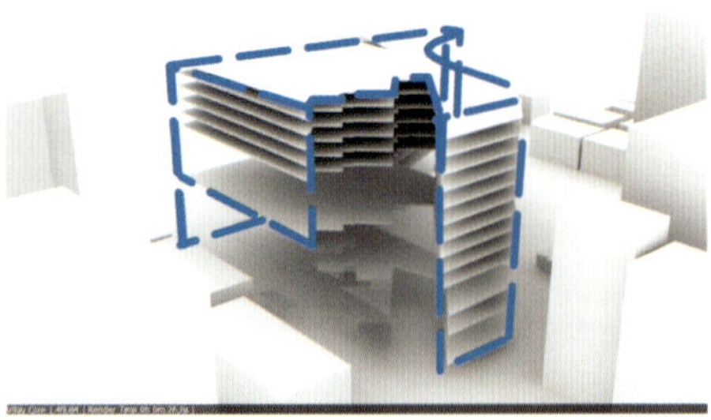

Commerce

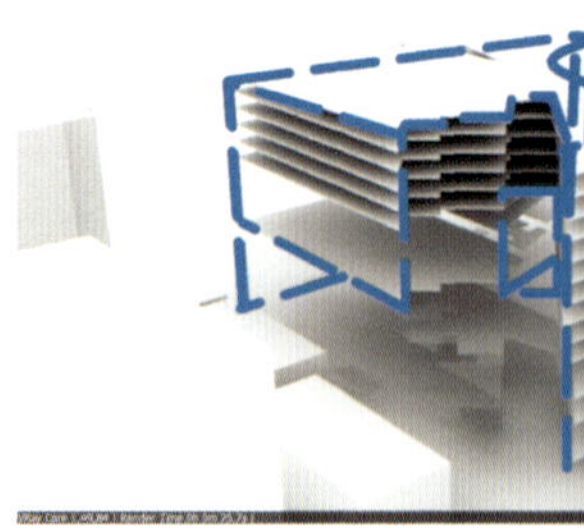

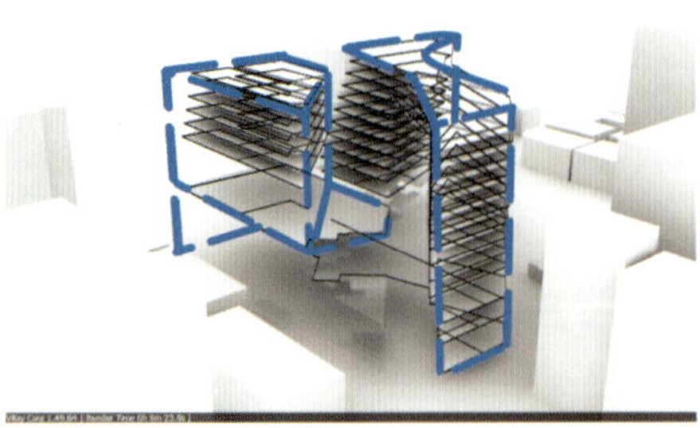

Wind, Light

x height

g Lobby

ed street

Perspective

PERSPECTIVE

사이트 북쪽의 휨이 큰 도로는 시선의 연장이 이루어지지 않기 때문에 상업의 구간이 약화되어진다. 사이트의 중앙을 관통하는 이 길은 이동인구가 상업시설을 경험하는 면적을 가장 크게끔 하면서, 동시에 저층부로 내어진 연장된 길에 의하여 상업의 구간을 연장시키는 역할을 한다. 이 길은 사람들을 끌어들이기 위하여 적절히 디자인 되어 있을 뿐만 아니라, 면한 건물의 입면은 투명성을 가지고 건물 내부로 자연스럽게 끌어들이며, 내외부의 차이를 크지 않게 하는 역할을 한다.

사이트 북쪽의 휨이 큰 도로는 시선의 연장이 이루어지지 않기 때문에 상업의 구간이 약화되어진다. 사이트의 중앙을 관통하는 이 길은 이동인구가 상업시설을 경험하는 면적을 가장 크게끔 하면서, 동시에 저층부로 내어진 연장된 길에 의하여 상업의 구간을 연장시키는 역할을 한다. 이 길은 사람들을 끌어들이기 위하여 적절히 디자인 되어 있을 뿐만 아니라, 면한 건물이 입면은 투명성을 가지고 건물 내부로 자연스럽게 끌어들이며, 내외부의 차이를 크지 않게 하는 역할을 한다.

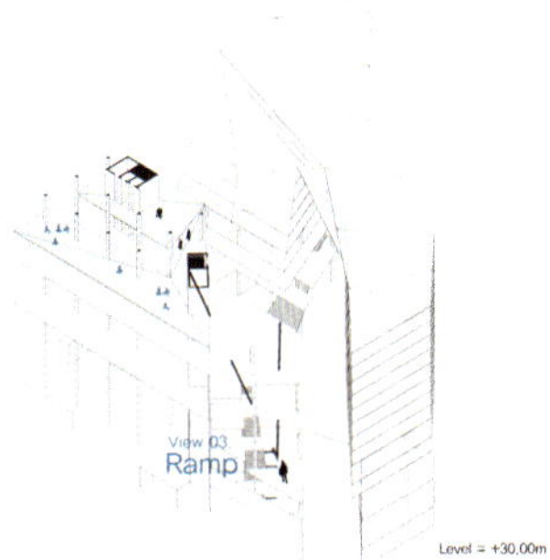

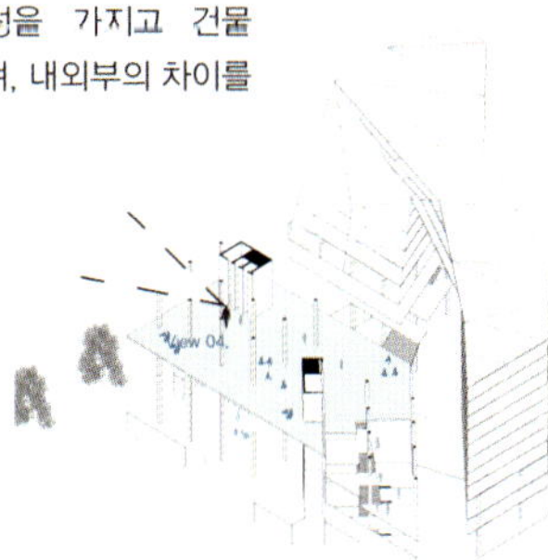

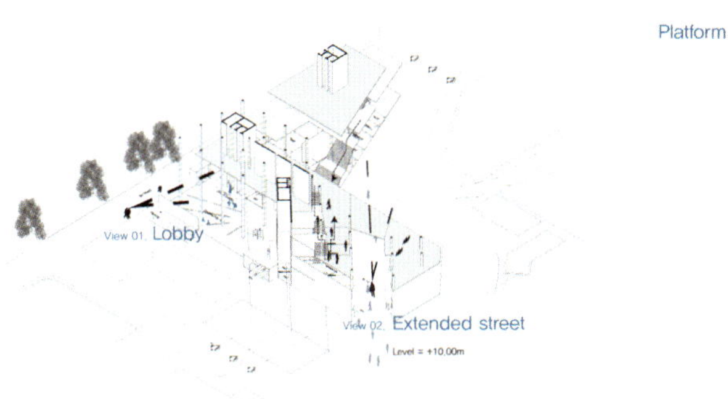

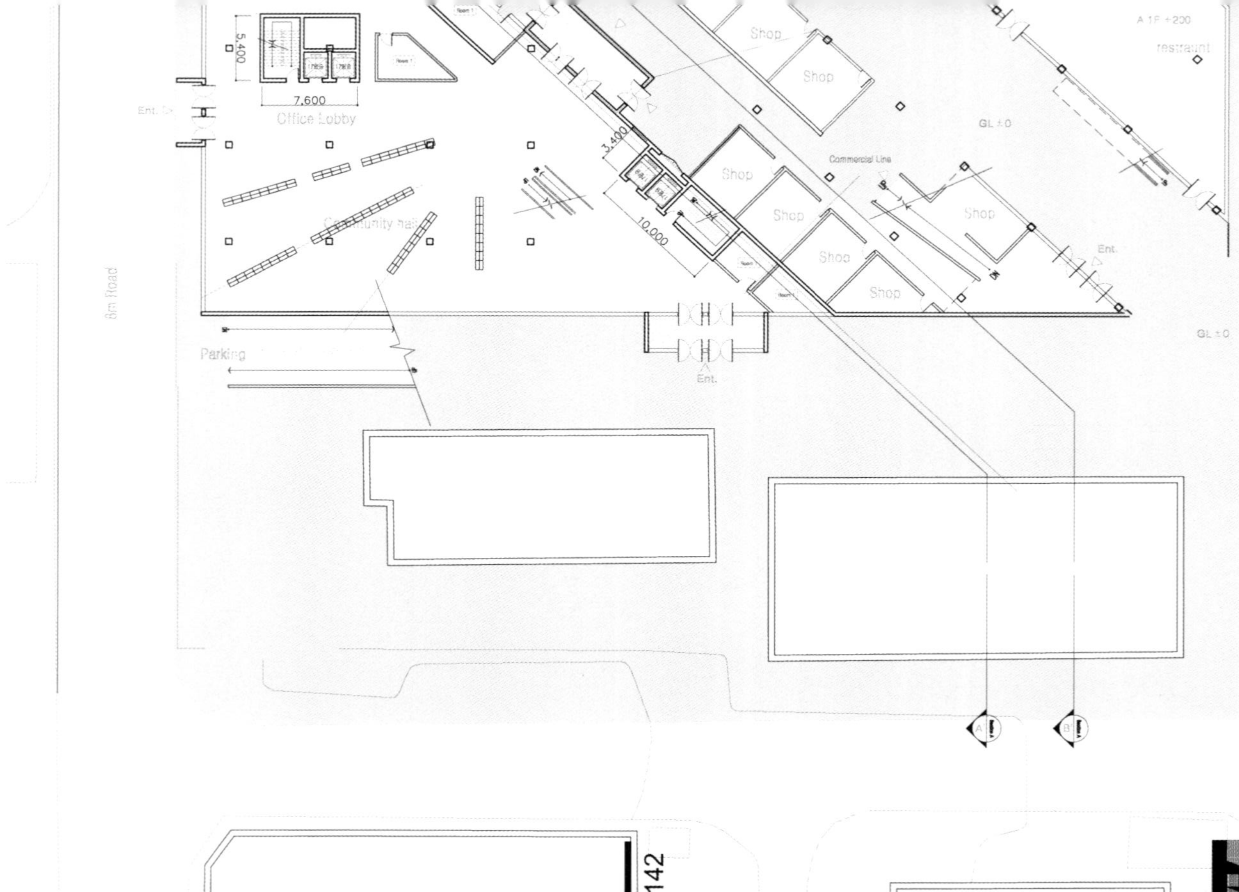
8m Road
Ent.
5,400
7,600
Office Lobby
Community hall
Parking
Ent.
3,400
10,000
Shop
Shop
Shop
Shop
Shop
Shop
Shop
Shop
Commercial Line
GL ±0
Ent.
A 1F +200
restraunt
GL ±0
A
B

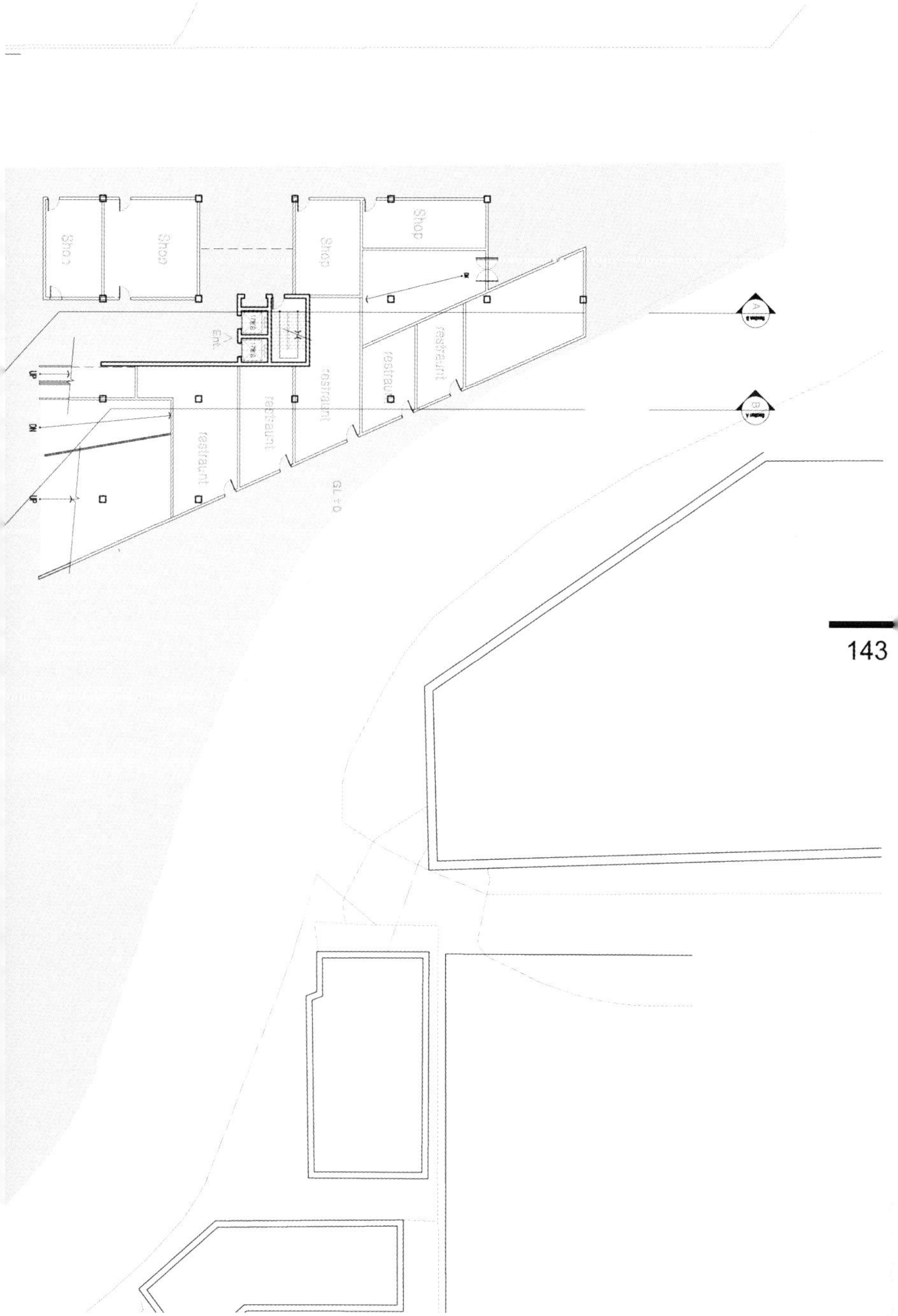

First Floor Plan
SCALE 1/800

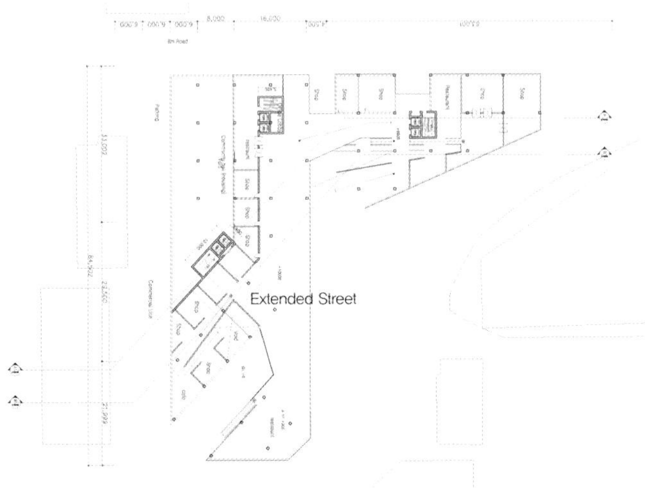

Plan Elevation +10.00M
SCALE 1/1600

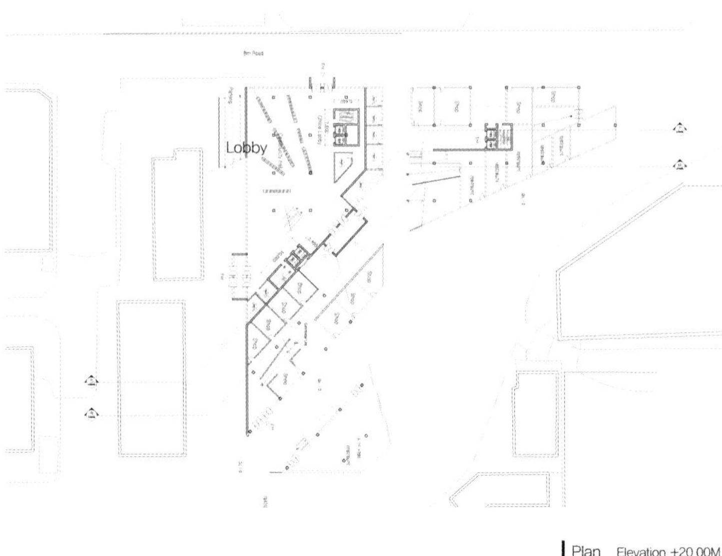

Plan Elevation +20.00M
SCALE 1/1600

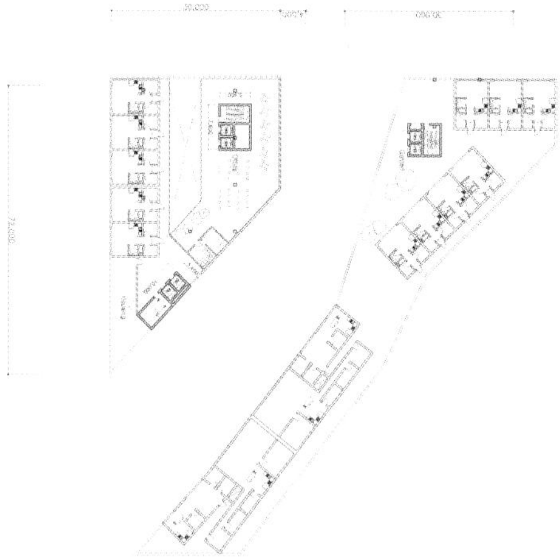

Plan Elevation +40.00M

SCALE 1/1600

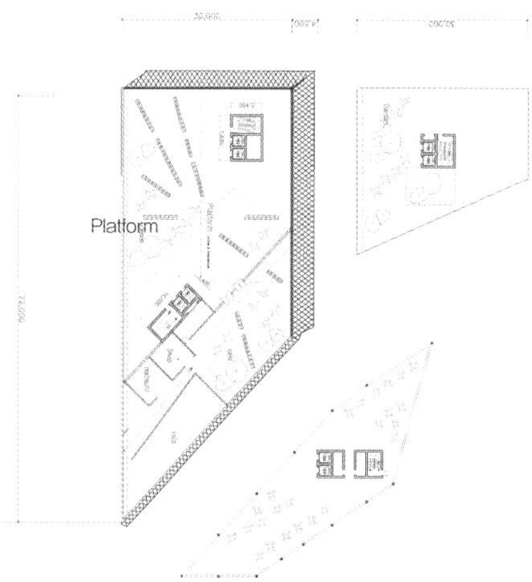

Plan Elevation +30.00M

SCALE 1/1600

MASTER PLAN & SECTIONS

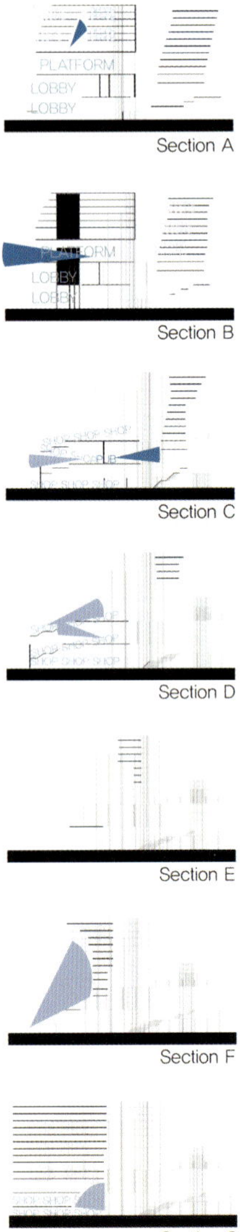

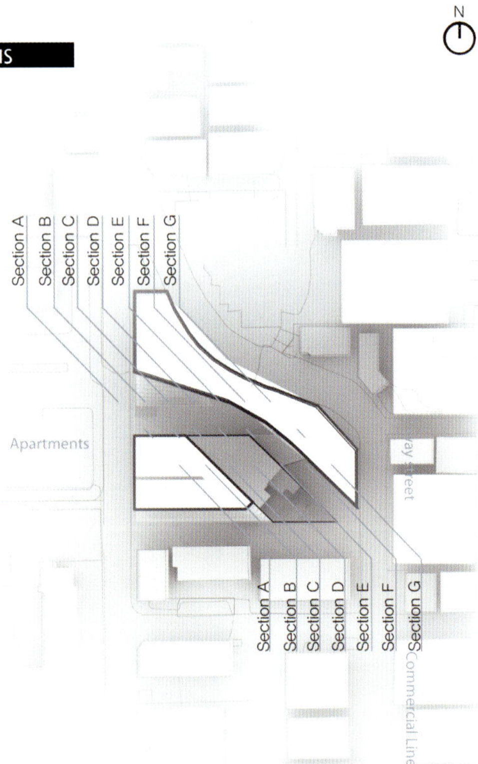

사이트 북쪽의 휨이 큰 도로는 시선의 연장이 이루어지지 않기 때문에 상업의 구간이 약화되어진다. 사이트의 중앙을 관통하는 이 길은 이동인구가 상업시설을 경험하는 면적을 가장 크게끔 하면서, 동시에 저층부로 내어진 연장된 길에 의하여 상업의 구간을 연장시키는 역할을 한다. 이 길은 사람들을 끌어들이기 위하여 적절히 디자인 되어 있을 뿐만 아니라, 면한 건물의 입면은 투명성을 가지고 건물 내부로 자연스럽게 끌어들이며, 내외부의 차이를 크지 않게 하는 역할을 한다. 사이트 북쪽의 휨이 큰 도로는 시선의 연장이 이루어지지 않기 때문에 상업의 구간이 약화되어진다. 사이트의 중앙을 관통하는 이 길은 이동인구가 상업시설을 경험하는 면적을 가장 크게끔 하면서, 동시에 저층부로 내어진 연장된 길에 의하여 상업의 구간을 연장시키는 역할을 한다.

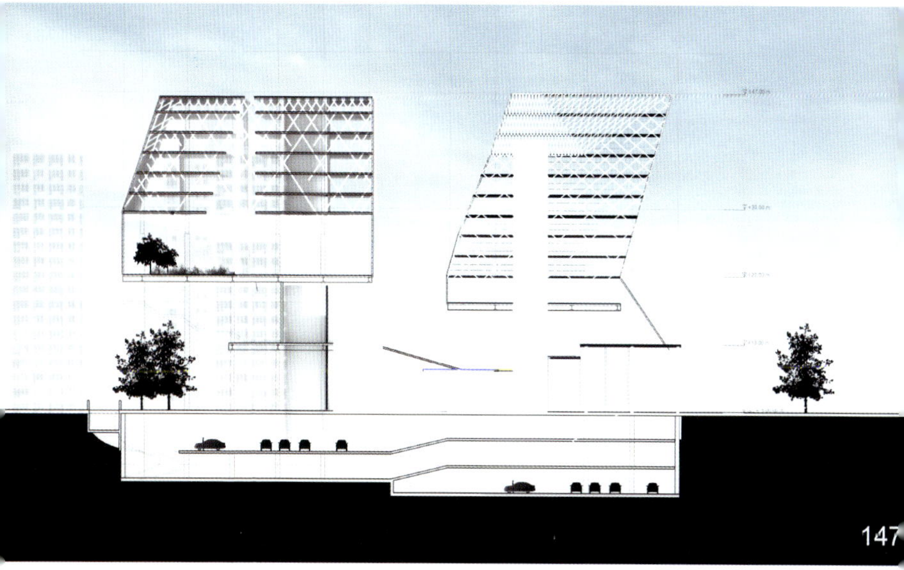

Section A – A'
SCALE 1/600

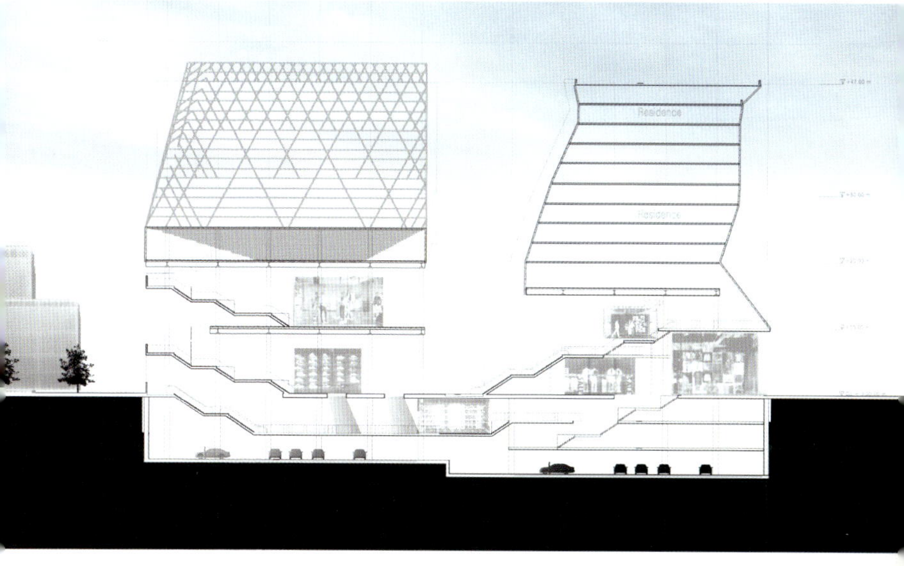

Section B – B'
SCALE 1/600

Platform

주거부의 입구로 사용되는 로비와, 상업공간이 수직으로 이어지는 램프의 중간층에는 주거동을 연결하는 플랫폼이 위치하고 있다. 이 공간은 상업공간이 가지고 있는 쾌적한 공공성을 회복할 수 있는 공간으로서, 주거동의 사람들이 주로 이용하게 된다. 동시에, 플랫폼은 주거동의 마당역할을 하며 놀이터의 성격을 갖추게 된다. 이 플랫폼을 거쳐서 주거동의 주민들은 주거동으로 바로 이동할 수 있으며, 원한다면 상업지구로 내려가는 램프를 이용하여 쇼핑이나 식사를 할 수도 있다.

Extended street

사이트 북쪽의 휨이 큰 도로는 시선의 연장이 이루어지지 않기 때문에 상업의 구간이 약화되어진다. 사이트의 중앙을 관통하는 이 길은 이동인구가 상업시설을 경험하는 면적을 가장 크게끔 하면서, 동시에 저층부로 내어진 연장된 길에 의하여 상업의 구간을 연장시키는 역할을 한다. 이 길은 사람들을 끌어들이기 위하여 적절히 디자인 되어 있을 뿐만 아니라, 면한 건물의 입면은 투명성을 가지고 건물 내부로 자연스럽게 끌어들이며, 내외부의 차이를 크지 않게 하는 역할을 한다.

Ramp

사이트 중앙의 관통된 길은 평면적으로 외부동선을 유입시키는 역할을 한다면, 램프는 자연스럽게 수직으로 상업공간을 이용하는 사람들을 끌어당기는 역할을 한다. 상업시설의 중간을 관통하면서 차층 올라가게금 유도함으로써 보행자들은 마치 겔러리에 있는 것처럼 상업시설들을 지나치게 되고, 감상할 수 있게 된다. 동시에 이러한 램프는 다양한 방향으로 뻗어나가 상업시설을 전체적으로 경험할 수 있도록 한다.

Lobby

서측 아파트단지와 면하고 있는 저층부는 고층부로 연결되는 주거동으로 연결시켜주는 로비의 성격을 가진다. 외부로부터 오픈되어 있는 이 공간은 동측의 상업시설을 적절히 차단하고, 주거부의 주민들이 사용하기에 적합한 대공간으로 이루어져, 주민들에게 편안한 출입이 가능하면서도 다양한 활동이 가능하게끔 한다.

UNIQLO
ZARA
H&M
LACOSTE
D&G

Perspective View

URBAN CR

PROJEC

SITE GANG-NAM IN SEOUL

주제 : 도시맥락 소통의 장애물인 대도시 사거리를 보행친화적으로 개편하고 지하철

연계하여 도심 속 쾌적한 쉼터를 조성한다.

유형 : 지하철역사 및 상업시설

위치 : 서울시 강남구 역삼동 821-1(강남역 지하)

면적 : 약 12,000m2

규모 : 지상1층, 지하2층

Urban Crater+Basin

ATER+BASIN

3. 강남역 사거리 지하역사 개선안

노경은 Roh, kyeong eun

두 개의 교차대로로 인해 불가피하게 생기는 데드 스페이스의 숨은 가치를 재활용하여 사람들로 하여금 붐비는 출구가 사라지고, 사거리를 가로지르는 횡단 보도도 사라짐으로써, 보행자의 불편함과 위험성을 낮추고, 녹지조성과 보행로를 통해 쾌적하고 안전한 거리를 조성하고자 한다. 대도시사거리로 인한 블록 간의 접근성을 개선하고, 지역 간 단절현상을 완화시키며 신개념 도심 속 쉼터 및 문화적 명소로의 탄생을 기대한다.

사람들을 받아들이고 지하로 향하는 자연스러운 동선으로 반대편 블록으로의 접근성을 높이고 쾌적하게 조성하여 시간대에 따른 이용자 밀도를 고려한 네 개 블록의 성격을 반영해 공간을 조성하고 이를 잇는 순환장치를 동선으로 부여한다.

도시의 상징적 이미지 강남.

154

강남역 상권은 지하철 2호선을 중심으로 테헤란로, 강남대로, 서초로로 나누어진다. 강남역 상권은 사거리를 중심으로 동서남북 4방향으로 상권들이 뻗어있다. 지하상가와 지하철역 6,7번 출구에서 신논현역 사거리까지 유흥상권을 형성하고 있고, 역삼방향의 테헤란로, 양재역의 강남대로와 서초로는 사무실 및 아파트 단지들이 위치해 있다. 강남역 사거리는 강북과 분당, 수원, 용인 등 주변 신도시와 연결되면서 수도권에서 서울로 진입하는 관문역할을 하게되면서 오피스,학원, 유흥 등 견고한 소비상권으로 자리매김하고 있고, 테헤란로는 벤처1번지라고 불리울만큼 벤처 기업들이 앞다투어 강남으로 몰리면서 꾸준한 성장을 이뤄가고 있다.
특히 강남대로변 중심으로 학원, 성형외과 등이 주를 이루고있고, 국내 유명브랜드들이 자리잡기 시작했고 교보타워 사거리를 경유하는 신분당선의 개통으로 상권이 확대되어 가고있다. 또 학원, 유흥 판매시설이 확대되면서 강남역 자체가 만남의 장소로 이용, 20,30대 젊은 층이 몰리면서 주변 상가들이 호재를 누리고 있다.

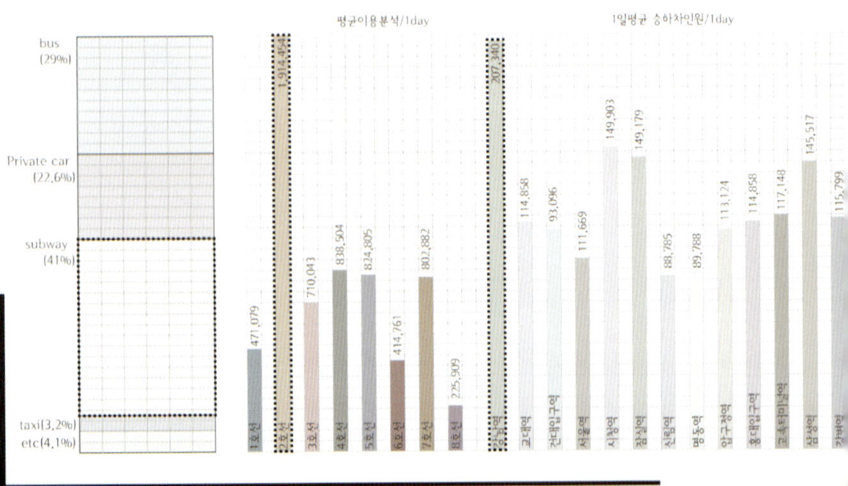

Urban Crater+Basin

대도시를 대표하는 상징적 의미를 갖는 강남역 사거리는 8차선 이상의 시내 주요간선도로가 위치하며 하철역과 연계되어 있다. 이런 대규모 개발은 자동차를 중심으로 한 도시개발의 흔적이며 현재 행친화적으로 바뀌는 현대의 도시계획의 방향과는 그 궤를 달리한다. 도심의 중심이 되는 이 곳 사거리를 행친화적으로, 공공교통 위주로의 변화를 제안해보고자 우리나라 대표적 도시 서울의 대표적 도심인 남구 내의 강남역 사거리를 사이트로 선정하였다.

대도시 사거리의 문제점을 읽다.

형사거리의 교차하는 대로와 네 블록 귀퉁이가 만나는 삼각지 데드스페이스

재 이 데드스페이스는 운전자를 위한 곳도 아니고 보행자 통행을 위한 곳도 닌 상태로 경관을 위한 간단한 녹화만 되어 있는 상태로, 관상 이상의 용률이 거의 없다. 싯가 수억원을 오르내리는 대도시에서 데드스페이스를 치하는 것은 도심 부지 활용의 비효율적인 문제점으로 간주된다.

하보도 출구의 고밀도화 및 보행로 부족

시 사람들로 북적이는 강남역 사거리에는 보행자를 위한 보행로가 마땅히 치되지 않은 상태이다. 사람들은 네 개의 각 블록에서 다른 블록으로 이동할 비좁은 출구와 지하보도를 이용해야만 이동 가능한 상황이다. 도심의 하보도는 점차 과밀화되고 쾌적성이 떨어져 사람들로 하여금 번거로움과 쾌함을 낳고 있는 실정.

하공간에 부족한 인지성,방향성 부여

밀도화된 도심을 집약적(compact)으로 구성하면서 건축공간은 미로화되기 다. 공간의 평면구성 체계가 방향을 판단하는 단서로서의 역할을 하면서 간적 식별성을 강조하기 위해 평면에 많은 아이디어와 시적, 디자인적 요소와 서가 부여되어야 한다. 사람들은 지상에서 랜드마크를 통해 길을 찾고 행공간이 연장된다. 그러나 지하는 ? 지하 공간에서 방향성을 제시할 수 있는 하의 랜드마크를 설정한다.

이용률이 0%에 가까운 데드스페이스

DEAD SPACE

고밀도의 공간 vs 버려지고 잊혀진 공간

과밀화된 도심속에서 잊혀지고 버려진 공간에 대한 재조명
사거리 네 블록의 보행친화적 소통의 장소
단순한 지하 역사가 아닌 머무름의 공간
많은 사람들이 모이는 강남역에서 다양한 목적과 욕구를 채우는 공간

데드스페이스 활용 및 단절된 도시문맥의 소통

사거리로 인해 끊긴 도시성격의 맥락을 잇는 사회적 결합을 시도한다. 대형사거리로 인해 가려져있던 도시의 컨텍스트가 하나의 유기체처럼 이어진다.

도시에 흐르는 소통인 도로와 길, 하지만 대형 사거리로 인해 단절되어 버린 블록과 블록. 이로 인해 형성된 죽은공간(Dead space)으로 사람과 상업의 흐름을 끊어놓았다.

강남역 사거리가 다시 '소통' 되려면 연계성을 다시 회복하고 그 곳에서 사람들이 소통할 수 있는 건축적 공간이 형성되어야 한다. 이를 위한 건축적 제안으로서 그 공간을 지하와 연결하는 성큰(SUNKEN) 공간으로 활용하고, 지하공간은 새로운 외부공간으로 다시 태어나 다양한 사람들의 행위를 담아낸다.

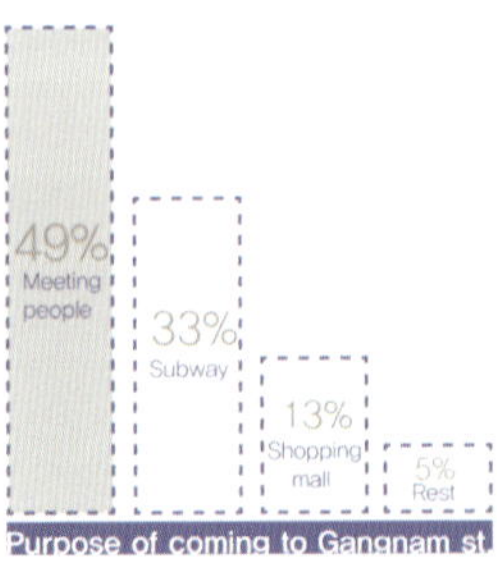

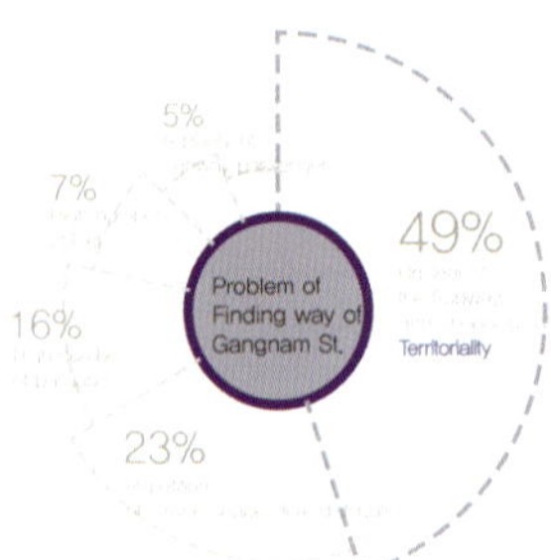

강남역 지하철역에 오는 목적에 대해 조사한 결과 약속과 만남의 장소로서의 역할이 49%로 가장 컸으며 강남역 지하상가에서 길찾기의 문제점의 1위로 지하철과 지하상가 영역성의 불분명이 꼽혔다.

강남역 사거리를 중심으로 북서쪽의 상업적, 문화적 성격의 흐름이 국기원에 위치하고 주거성격이 강한 북동쪽으로 점차 확대되고 있다. 현재 강남역 사거리를 중심으로 제 개의 구역을 나누어 볼 때 북동쪽은 영화관, 서점, 술집, 레스토랑, 까페 등을 비롯한 각종 상점가가 들어서 있다. 대로를 중심에 두고 양쪽 출구가 비슷한 성격을 띠고 있었으며, 각 블록의 성격에 따라 사람들의 밀도가 방문목적과 행위도 다르게 나타난다.

또한 강남역으로부터 동쪽의 삼성역으로 향하는 테헤란로의 오피스 빌딩들의 업무기능 맥락을 이어 3,4번 출구 블록에 삼성 서초사옥과 가락타운이 들어섬에 따라 사거리를 중심으로 서쪽에서도 업무시설의 맥락이 사거리를 넘어 계속해서 이어지고 있다.

따라서, 이들 문화적, 상업적 맥락과 함께 업무기능의 맥락을 자연스럽게 이어주기 위해 그들의 중심 무대인 강남역 사거리의 역할과 중요성이 더욱 증가되었다. 강남역 사거리에서는 이들의 맥락을 이어줄 네 개의 블록 간의 유연한 소통이 요구된다.

사거리로 인한 도시 성격의 분할

Character of 4 city space

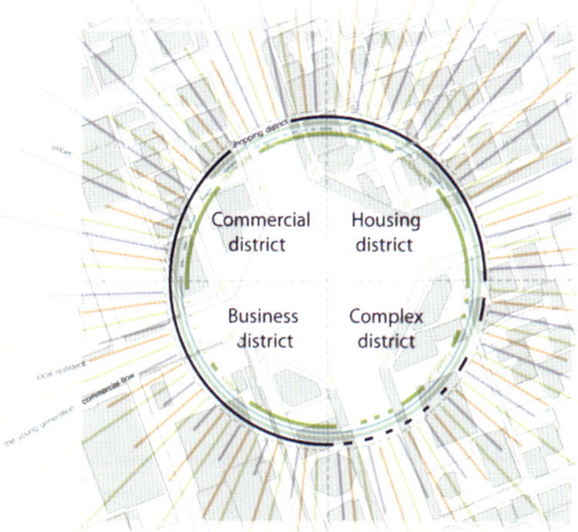

Density of wayout (1 to 8)

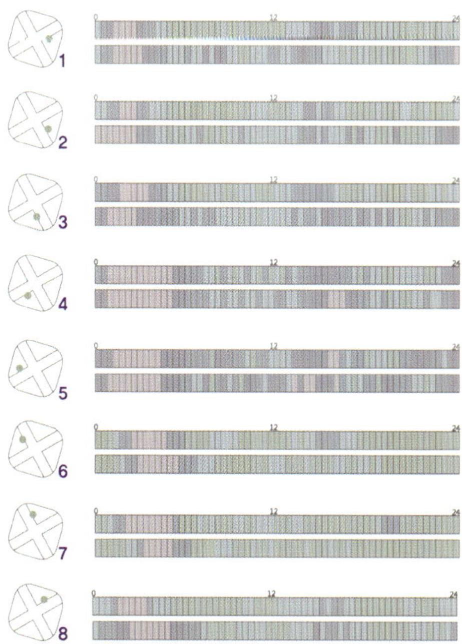

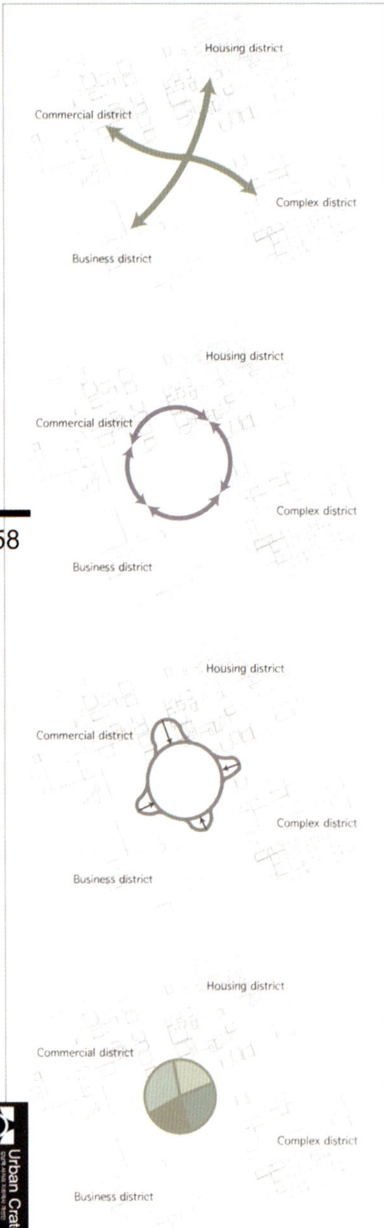

1 Desired connections 끊어진 강남문맥을 잇는 동시 네 블록의 보행가로의 연장과 연결을 꾀하고 분화된 각 블록의 특성 (Commercial, Housing, Complex, Business)의 소통을 통해 강남역 사거리를 중심으로한 도시 공간의 문맥을 연결하고자 한다. 2 Infrastructural Barrier 출구가 과밀화 되고 이용률이 0%에 가까운 대형 삼각지 데드스페이스와 도시 문맥의 단절을 가져오는 대도시 사거리의 교차로는 도시 소통의 장애물로 간주하고 이를 소통시키고자 한다 3 Artificial Landscape Crater&Basin 보행로를 연장하고자 블록간연결의 새로운 방법을 제안한다. 데드스페이스가 열리고 각각 다른 네 가지 블록의 성격이 반영되어 지하 성큰 안에서 각각 다른 공간을 형성하게 된다. 4 Central Landmark and Pie divisions 방향성과 인지성이 부족한 지하공간에 랜드마크적 요소를 부여하고자 가운데를 중심으로 지하철 개찰구가 오픈형식으로 놓이고 주변공간이 Pie와 같이 각각의 특성을 가지고 구성된다.

각 네 블록의 성격을 반영한 썬큰스페이스

1(기존 5,6번 출구) Commercial
-의 밀도가 높은 공간으로 상업적 가치가 높기
, 긴 매스와 계단으로 상가,광장의 복합적 구성

wayout 3,4 (기존 3,4번 출구) Business
삼성딜라이트와 통하는 곳으로 업무성격을 반영해 지하1층은 자유로운 상가와 지하2층의 스마트오피스룸 구성

2(기존 7,8번 출구) most Housing
사람들의 접근이 잦은 출구로서 광장 계단을 조성
.

wayout 5,6 (기존 1,2번 출구) Complex
현재 8개의 출구 중 가장 접근이 낮은 곳으로 지하2층에는 전문매장과 지하1층엔 갤러리 및 개찰구로 통하는 브릿지를 연결하였다.

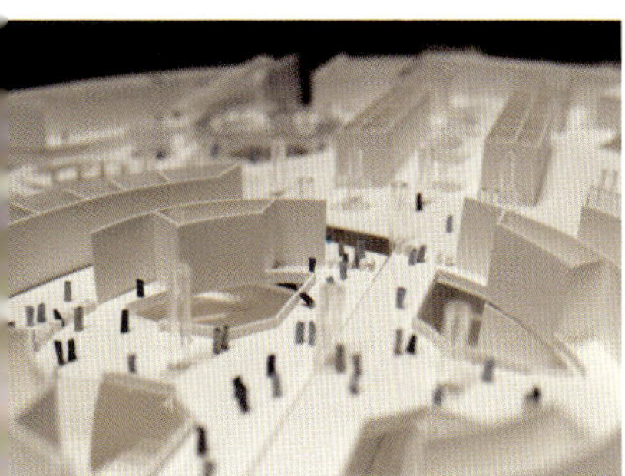

central landmark를 구심으로 지하철로의 연결로를
두었다.

Sky path
도시경관을 바라보도록 하는 자연스러운 지상 연결로

AXONOMETRIC

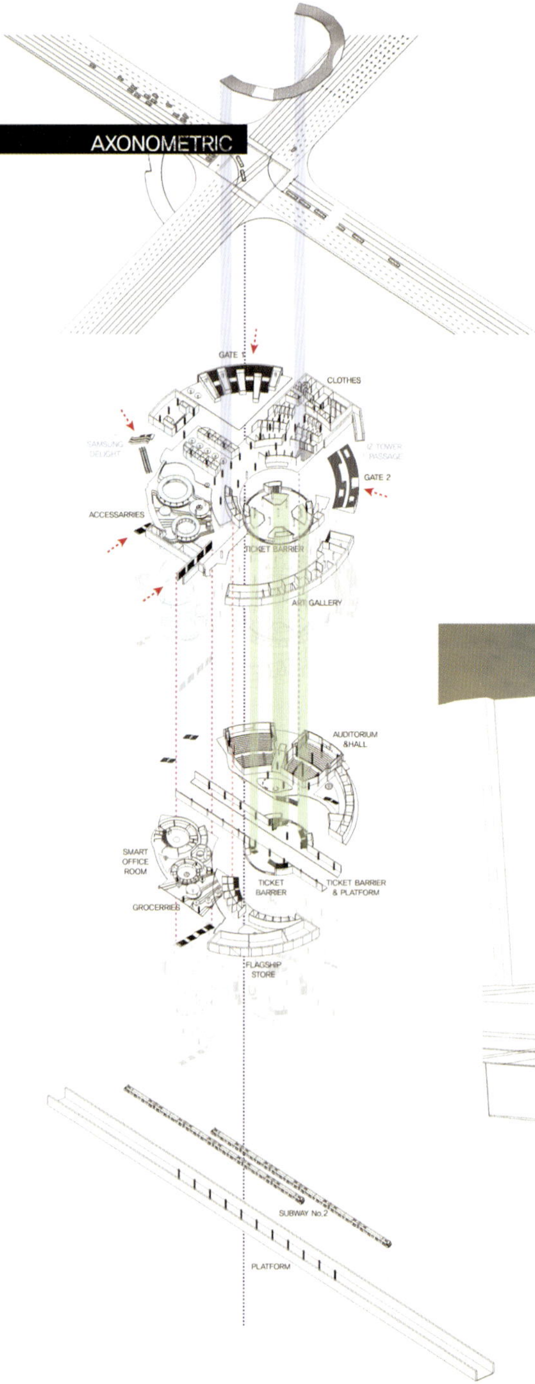

MODEL STUDY

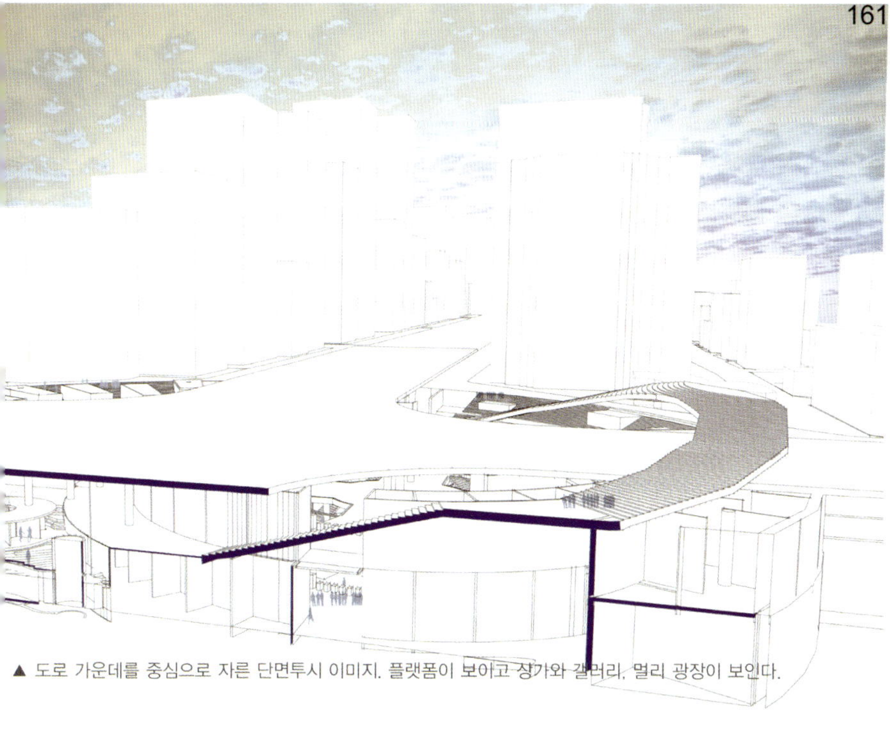

▲ 도로 가운데를 중심으로 자른 단면투시 이미지. 플랫폼이 보이고 상가와 갤러리, 멀리 광장이 보인다.

A–A' SECTION

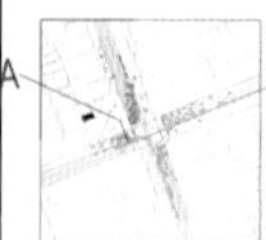

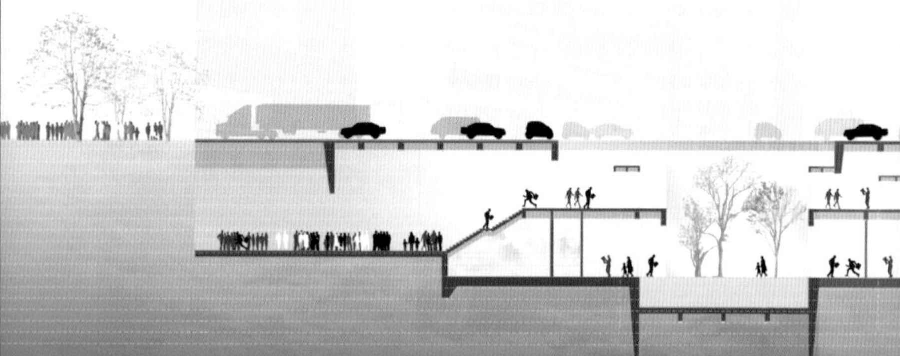

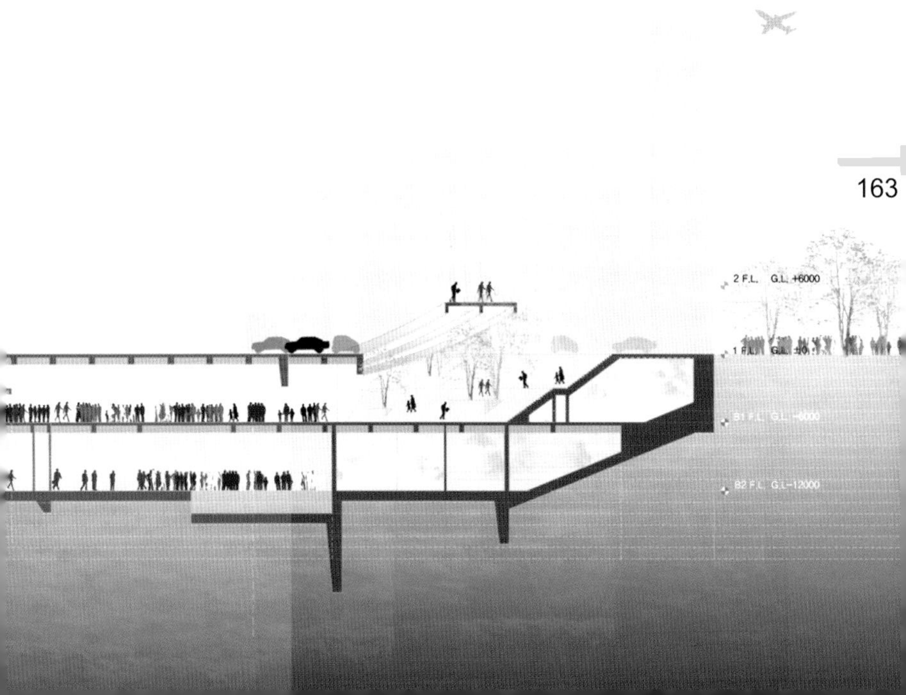
2 F.L. G.L. +6000
1 F.L. G.L. ±0
B1 F.L. G.L. −6000
B2 F.L. G.L.−12000

Lev. −6000 PLAN

1 Square ; Gate 1
2 Retail ; Clothes
3 Square ; Gate 2
4 Ticket barrier
5 Waiting spot
6 Art gallery
7 Open grocerries
8 Cafe
9 Retail ; Accessaries
10 Retail ; Phone
11 Ticket barrier
12 Samsung delight passage
13 A-ra building passage
14 Gang-nam center passage
15 Iz tower passage

Lev. -12000 PLAN

1 Auditorium
2 Subway Office
3 Smart office room
4 Seminar room
5 Stationary store
6 Flagship store
7 Ticket barrier
8 Platform

▲ 도로아래 지하철플랫폼과 함께 자유롭게 상가가 늘어서있고 선큰을 통해 빛이 들어오는 쾌적한 지하공간.

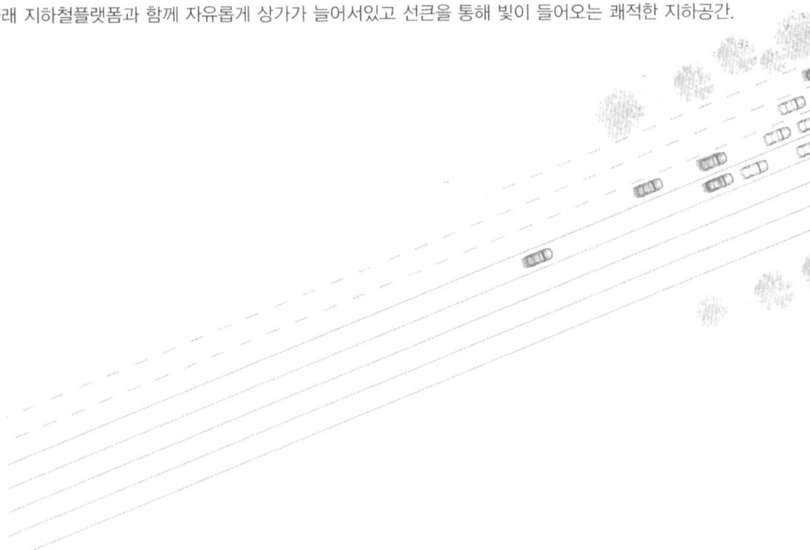

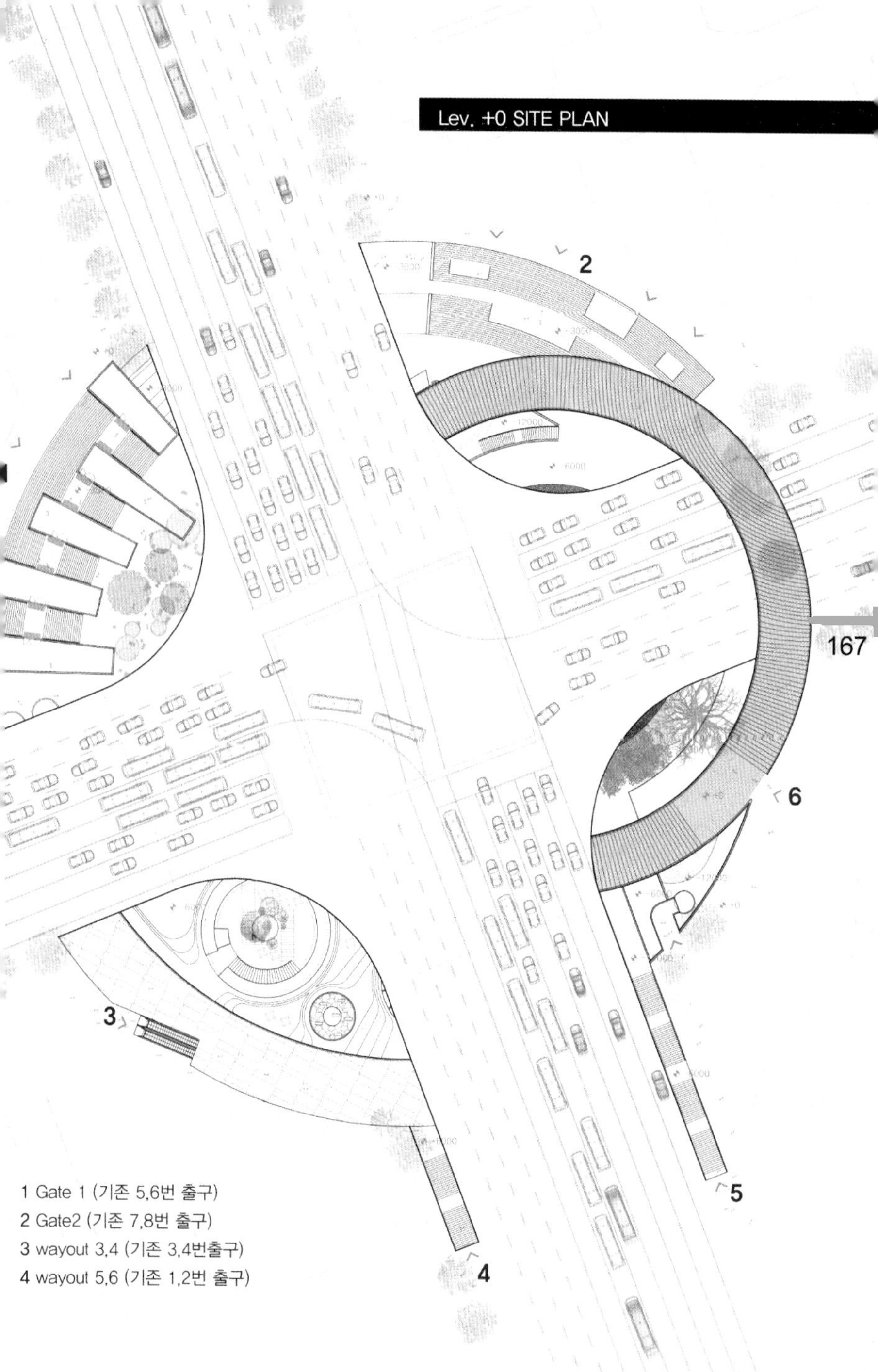
Lev. +0 SITE PLAN
2
3
4
5
6
1 Gate 1 (기존 5,6번 출구)
2 Gate2 (기존 7,8번 출구)
3 wayout 3,4 (기존 3,4번출구)
4 wayout 5,6 (기존 1,2번 출구)

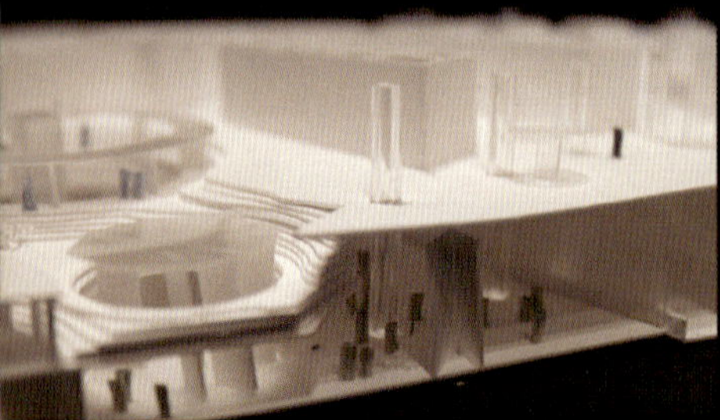

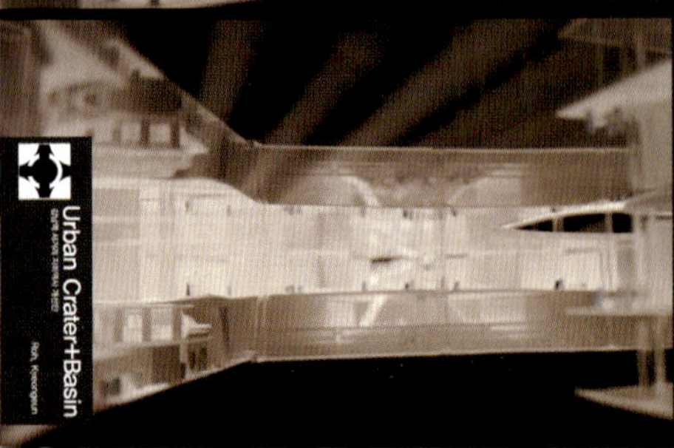

Urban Crater+Basin

-밀화된 대도시 사거리의 데드스페이스는 버려진 공간으로 쓰이고 [다. 이 공간의 다시 쓰임과, 대형 사거리가 브릿지화 되어 각 록의 소통에 장애물이 되고 있음에 주목하여 지하로 향하는 큰공간을 내주어 단절된 블록과 블록을 자연스럽게 소통하고자 다. 이로써 지하블록의 새로운 시민공간 및 신개념 도심 광장 및 터로서의 재탄생을 기대할 수 있으며, 더불어 강남의 유흥가와 이 솟은 마천루 속에서 독창적이고 자발적인 문화 소통과 융합의 마련을 기대할 수 있다. 도로 공간의 효율적 이용은 안전하고 리석인 도시환경놀 실현할 수 있는 데에 큰 몫을 함과 동시 적하고 친근감있는 도시공간을 창출해낼 수 있을 것이다.

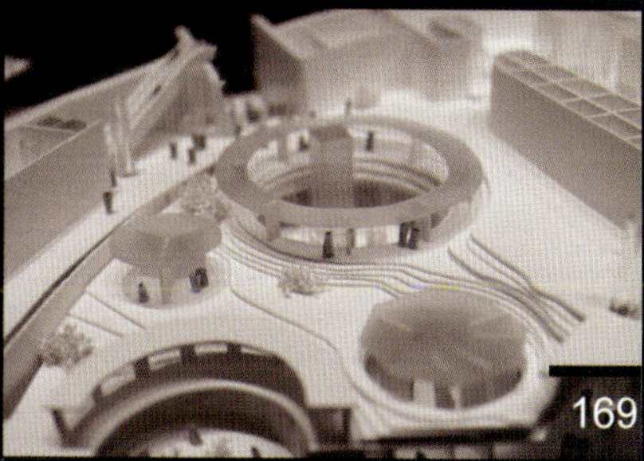

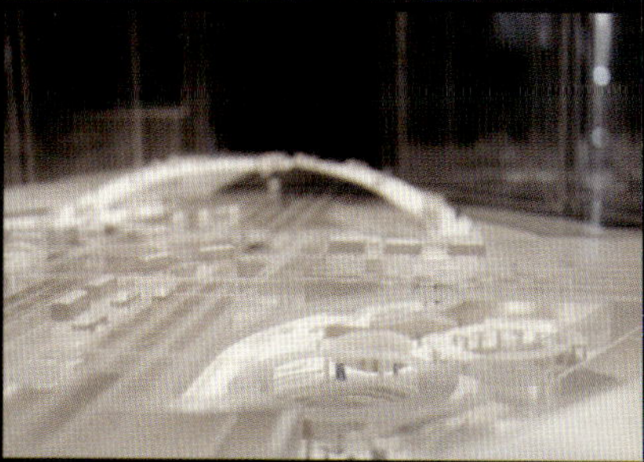

REFERANCE

참고기록] 문화기반 도시재생을 위한 지하도시공간 환경계획
논문] 강남역 지하공간의 길찾기에 관한 연구
논문] 지하철 역사 증축계획에 관한 연구
논문] 도시철도 지하역사 동선개선에 관한 연구
논문] 보행환경 다면평가 시스템 구축에 관한 연구
논문] 역중심생활권을 고려한 대중교통 중심형 개발의 사례연구
논문] 입체 복합 공간구조 (Megastructure)
논문] 지하철 역주변 재개발 잠재력과 공공의 역할 제고방안
책] Seoul Scenario,

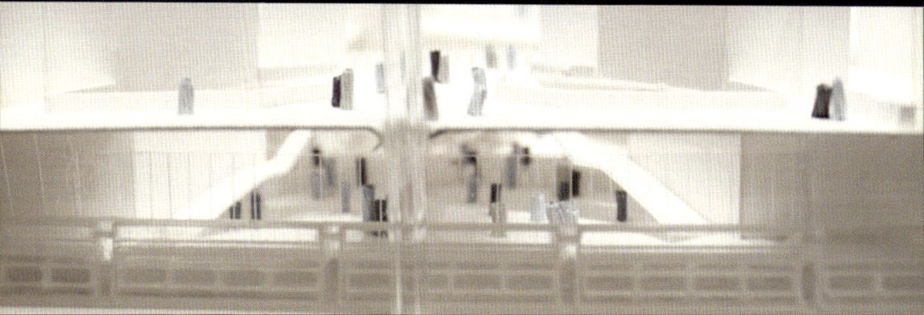

URBAN MA

TYPE: COMMERCIAL

LOCATION: 828-10, Yeoksam-dong,KANGNAM-gu

AREA: 1,386m2

FLOOR AREA RATIO: 250%

THE BUILDING-TO-LAND-TATIO: 60%

주제 : 새로운 라이프 스타일에 맞춘 도심형 예식장

유형 : 상업시설

위치 : 서울시 강남구 역삼동 (현 강남목화웨딩문화원)

면적 : 약 1,386m2

건폐율 및 용적율 : 건폐율 60% 용적율 250%

TRIMANY
PROJECT 9. 수직적 분리

유은숙 You, eun-sook

예식장은 오늘날 생활공간으로서 도시 및 건축적 기능이 활발한 편이지만, 혼인의식과 공간을 매개로 하여 예식의 신성함은 점점 잃어가고 상업성에 편중되어 가고 있다. 그리고 한정된 시간과 공간, 많은 인파의 일시적인 집중으로 인해 이용의 많은 불편함을 느낀다.

이에 예식과 상업의 기능은 완전히 분리시켜 예식의 신성함을 다시 되찾고자 하며, 현대인들의 라이프 스타일에 맞는 다양한 공간을 디자인 한다.

많은 하객들의 동선을 분리시킴으로서 기존의 예식장과는 다른 여유롭게 즐길 수 있는 예식공간을 디자인하려 한다.

01

결혼의식은 사회의 기본구성단위인 가족을 형성하는 결혼행위를 사회적으로 인정받는 절차이다. 우리나라에서는 관습혼의 전통으로 혼례식이 두 사람의 관계를 사회적으로 공인 받고 공포하는 과정으로서 실제의 결혼을 의미했었다. 이러한 관습혼의 잔재 때문에 현재 법률혼주의로 혼인신고만 하면 부부관계가 성립되는 데도 불구하고 결혼생활을 몇 년씩하고 난후에도 뒤늦게 결혼식을 치르는 등 결혼식은 통과의례로서 중요시 취급하고 있다. 이것은 고유의 문화를 기반으로 한 통과의례로서 당시 사회의 문화를 바탕으로 하고 있다.

조선시대

전통혼례의식은 조선시대에 이르러 통과의례로서의 관혼상제 중의 하나로 서민계층까지 모두 형식을 갖추어 치르게 되었고, 왕가와 일부 양반家에서 행해지던 육례에 의한 의식과 일반 계층에서 치러지던 사례로 나누어 볼 수 있으나 일반적으로 사례에 의한 혼인이 행해 졌고 친영례의 과정 중에 치러지는 교배례. 근배례의 과정이 혼례식이며 주로 처가의 마당 에서 이루어졌다.

일제시대

일제시대에 서구문화인 기독교의 전래와 함께 서구 교회식 혼인 의식이 도입되면서 서구식 혼례식은 근대화와 산업화, 도시화로 인한 공동체 붕괴와 생활환경의 변화 속에서 신식이라는 명분아래 급속도로 확산되어 갔고, 예식공간은 교회, 성당, 절, 등 종교시설로 다양화 되었다. 이때부터 전통혼례와 서구식 혼례가 섞여서 치러지고, 점차 전통혼례는 구식으로 여겨져 종교와 관계없이 서구식 결혼식이 도시적이고 신식이라 여겨져 선호하게 되었고 서구식 혼례식 후에 폐백이라는 절차가 붙고 피로연까지 치러지는 현대식 혼례양식이 대중화되었다.

현재

현재 전국 혼례식의 90%이상이 서구식으로 치러지고 있어 서구식 혼례가 일반적인 혼례식으로 자리 잡게 되면서, 혼례전용 공간인 예식작이 도시 생활시설로서 도시곳곳에 자리 잡게 되었고 도시로의 인구집중으로 도시의 예식시설은 부족하게 되었다. 또한 결혼식의 상업화, 획일화가 진행되면서 많은 문제점이 발생하게 되었다. 현재 울나라 국민의 80%이상이 혼례전용공간인 예식장에서 결혼식이 치러지고 있으며, 점차 상업화되어 시간에 좇기어 결혼식의 중요함이 경시되고 공장에서 물건이 생산되듯 이루어지고 있다.

또한 혼례의식과 절차에 대한 올바른 인식이 부족하여 제대로 된 혼례의 의미도 상실하고 있으며 허례허식으로 인한 경제적인 소실도 따르고 있어 국가적인 문제로 떠오고 있다.

산업화로 접어들면서 전통사회의 혼례 관행은 서서히 사라지게 되었고, 농업사회에 적응된 혼례문화 역시 근대화의 진전에 의해 변화하게 되었다. 이처럼 생활양식의 변화와 서구문화의 유입, 산업사회의 핵사족화에 따른 예식공간의 부족으로 적당한 장소를 찾게 되었고 상업적인 요구가 일치하여 생성된 현대식 예식장이 보편화 되었다.

STRATEGY1

02

기능 --〉 단면

근대화와 도시화의 과정 속 에서 발생한 예식장은 도시적 및 건축적 기능이 활발한 편이지만, 혼인의식과 공간을 매개로한 건축의 상업성에 편중되어 관습과 전통을 올바로 담아내지 못하고 있다.
오히려 공간의 틀인 건축이 내용으로서의 생활상을 제한하고 변경시키고 있다.

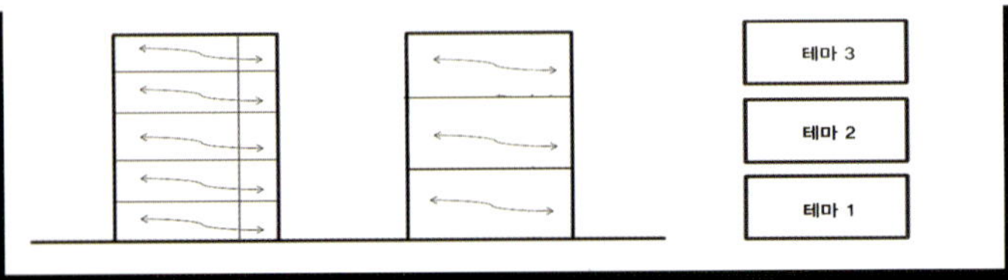

도시화의 과정속에서 발생한 예식장은 '결혼'이라는 의식 본래의 의미를 살리기 보다는 상업성에 편중되어 30분 단위의 예식으로 신랑과 신부를 만들어 내는 공장의 모습과 비슷하다.
예식과 상업의 기능은 완전히 분리를 시킴으로써 예식의 신성함을 다시 되찾고자 한다.

STRATEGY2

02

감성 --〉 평면

시간과 공간의 복합체이고, 집단의 '혼합'이다. 긴장되고 휴식, 흥분해서 들뜸, 안도감이 교차하는 공간이다. 한정된 시간에 농축화된 행복과 만족이 지각되고, 기능과 다각으로 충분히 채워져야 할 것이
결혼은 현실과 이상현실 사이의 경계에서 이루어지는 의식이다.
현실과 이상현실 사이의 경계는 모호함과 환상을 가져다 준다.

Dreams And Phantasms

몽환적이다

#. (내부&외부) 경계가 인지 되지 않는다.

-----〉 외부의 요소를 내부로 끌어 들인다.

내부엔 비워진 공간으로 표현 (SPACE VOLUME)

빛을 끌어 들인다.

STRATEGY3

02
Party culture

2000년대에 들어서 서서히 행해지고 있는 "파티문화'는 자연스럽게 누리게 된 문화가 아니어서 활성화된 문화는 아니다.
지금의 20대, 그 밑의 세대들에게는 생활 속에 녹아있는 문화가 될 것이다. 한정된 모임장소와 다채롭지 못한 밤 문화에서 벗어나 새로운 놀이문화 ——————————〉
우리나라 전통 '잔치' 의 의미를 살릴 수 있는 공간을 필요로 하는 현재의 놀이문화에 반영하고자 '초대' 의 대표적 행사인 예식공간을 시작으로 파티문화의 기반이 되는 장소를 제공하고자 한다.

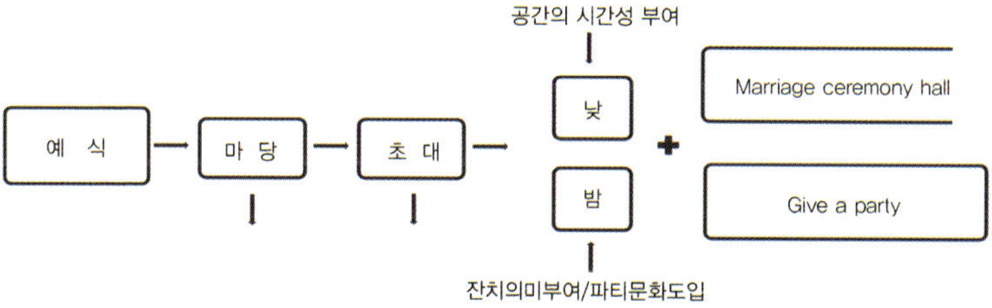

STRATEGY4

02
Circulation

예식장의 각 기능별로 크게 나누어 보면, 예약.관리기능, 거식기능, 연회기능, 부대시설기능의 4가지 기능과 각 부문을 지원하는 공공부문으로 구분 할 수 있으며, 예식사의 동선과 하객의 동선과 그리고 관리자의 동선으로 분리된다.
예식 당사자의 동선은 혼잡한 예식장 내에서 별도로 구분되어, 자신들만의 특별한 날의 여유를 누릴 수 있도록 계획 되어야 하며, 하객 동선은 동시에 많은 인원들이 원활하게 이동할 수 있도록 계획되어야 한다.
관리자의 동선은 이러한 모든 시설의 관리를 용이하고, 예식 당사자와 하객동선과 분리되어야 한다.

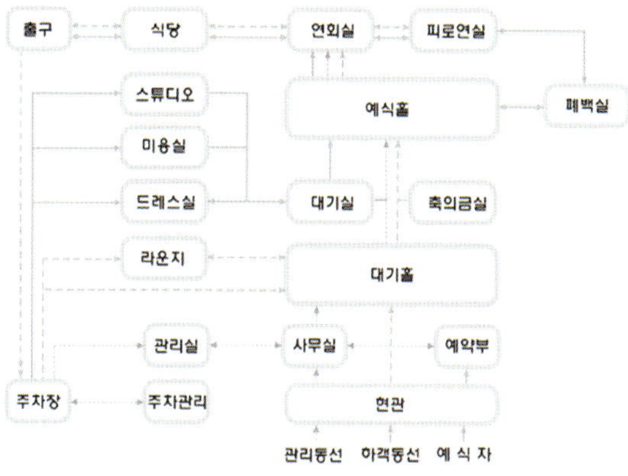

4층 로비 image

예식장의 입지는 이용 편의성 및 지속적인 이용 가능성 등 설치 예정지의 적정성(인구수, 교통사항. 지역 내 관련 지원시설 등)을 검토해야 한다.
예식장의 교통 편의시설이 좋으면 그만큼 찾는 이용인도 많고, 예식 후 식당 이용 시설에 따라 사람들의 혼잡도가 크게 좌우된다. 또한 예식장 주변의 도로 상황이 복잡하다거나 차량동선과 보행자 동선이 혼재 된다거나 주차면적의 확보가 어렵다는 등의 문제가 주변 지역의 교통소통에 영향을 끼치기도 하고 소음, 공해 발생의 원인이 되기도 한다.
현 강남목화웨딩문화원이 위치해 있는 사이트는 주변에 강남역이 자리잡고 있어 접근성이 좋고, 편리하다.

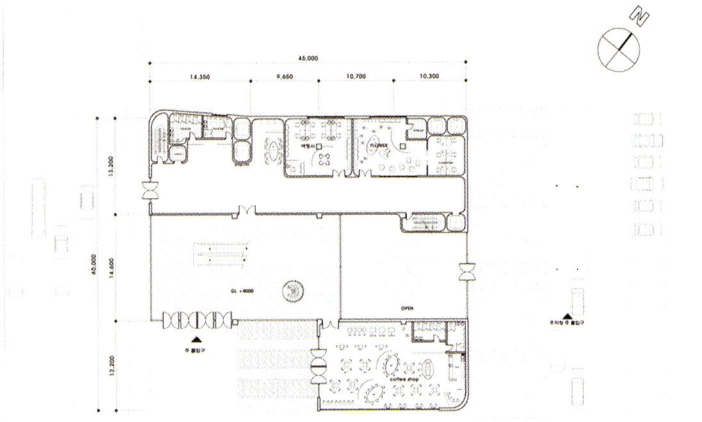

1층 평면도
축척 1/300

예식장은 여러 가지 요소의 시설들이 한 건물에 집적되어 있다. 또한 각각의 시설들은 다른 성격 을 가지고 있으나, 각 혼례식 마다 순차적으로 모두 이용하게 된다. 이로 인해 동선의 혼선이 생 기며, 문화적인 충돌이 발생 한다. 이러한 문제점의 해결 방법은 각각의 시설의 분 리에 있지는 않다. 오히려 각각의 시설과 시설사이가 어떠한 성격을 가지느냐에 따라 각 시설의 충돌을 완충시킬 수 있다.

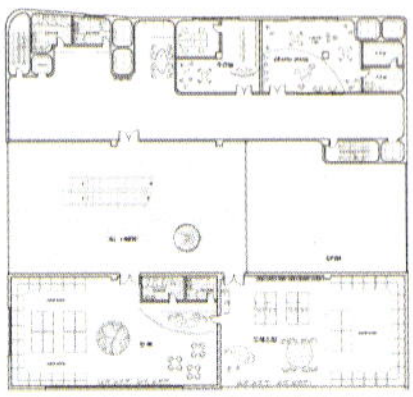

2층 평면도
축척 1/300

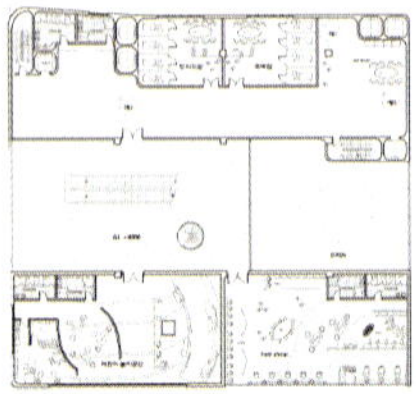

3층 평면도
축척 1/300

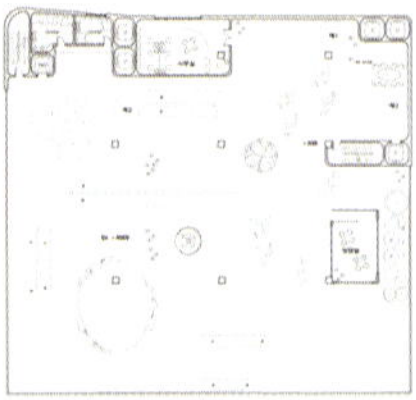

4층 평면도
축척 1/300

예식장에서 가장 이동이 많은 동선은 하객들의 동선이다. 이러한 하객들의 동선이 혼잡함을 이루는 이유는 일시에 대량의 동선 이동이 발생함이 근본적인 이유지만, 상하 이동 동선 이 하나의 공간에서 발생 함으로 인하여, 그 혼잡함은 더 커지고 있다. 이러한 문제점을 해결하 기 위해서 4층 예식 로비에서 각각의 예식장으로 가는 에스컬레이터를 따로 배치하여 하객 동선을 각각 3개로 분리 시켰다.

옛날 전통의 예식을 경험 할 수 있는 예식공간으로 엄숙함을 느낄 수 있는 예식 공간이다.

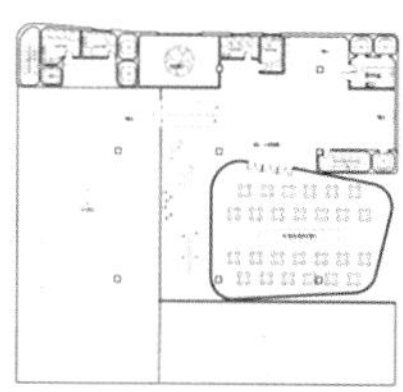

5층 평면도

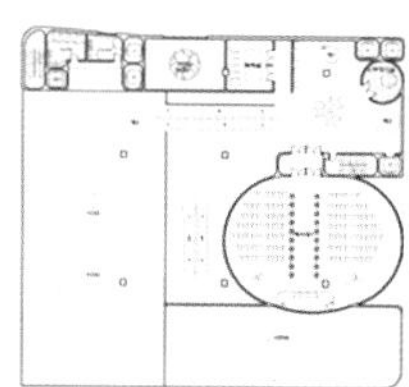

6층 평면도

예식장2는 자연을 건물 내부로 끌어 들인 공간으로서, 자연의 요소인 빛' 을 이용해서 예식의 신성함을 더 부각시칼 수 있는 예식공간이다.

party2는 예식장2와 연결되어 있는 파티공간으로, 예식이 없을 경우엔 다른 파티 공간으로 사용 할 수 있고, 밤에는 또 다른 느낌을 느낄 수 있는 공간이다.

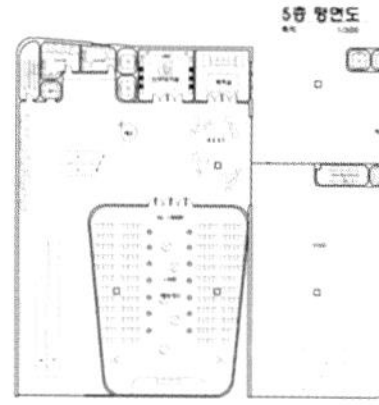

7층 평면도

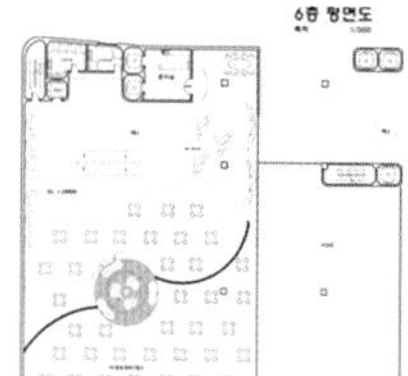

8층 평면도

예식장3은 야외에서 이루어 지는 예식공간이다. 강남이라는 도심 속에서 느낄 수 없는 여유로움 을 느낄 수 있는 공간이다.

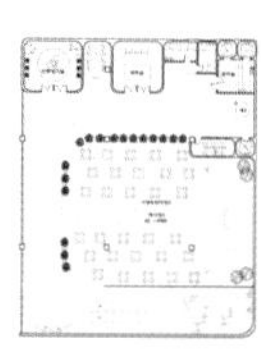

9층 평면도

ELEVATION/SECTION

04

예식장은 예식공간의 문제점을 개선하기 보다는 외부형태를 변화시켜, 궁전이나 성당 같은 예식장에서 결혼을 하면 앞날의 꿈과 희망이 저절로 펼쳐질 것 같은 느낌을 강조하고 있다. 이러한 평태는 예식문화와 자본주의적 상업주의가 결합된 결과로 볼 수 있으며, 도시의 주변 context와 무관한 이질감을 주고 있다.

이러한 건물 형태에서 벗어나 모던한 형태의 예식장이 제시되고 있다.

ELEVATION

Congregation (a pebble pattern)

형태적인 표현은 반복적 형태로 구성된 구조물에서 형성되는 빛과 그 구조물 자체에서 만 들어지는 그림사가 이루어내는 소화를 이용하여 공간의 흐름과 역동적인 느낌을 표현하고 자 한다.
전체적인 Color code는 gold tone으로 통일 시키며, 소형 예식공간엔 gold를 적용하되 마감재에 gold color를 가진 것을 사용하며, 중대형 예식공간엔 white color의 마감재에 gold lighting을 이용하여 color concept을 표현하고자 한다.

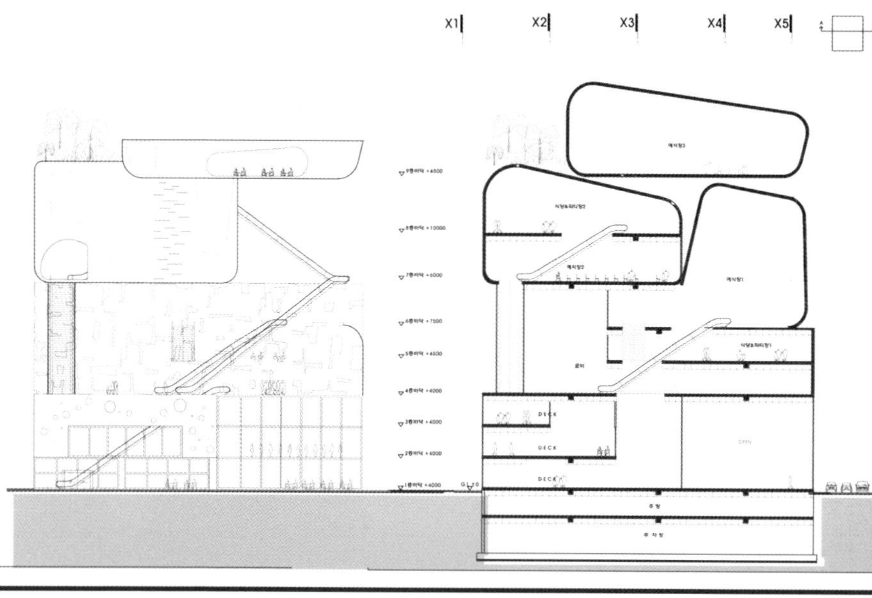

AXONOMETRIC

05

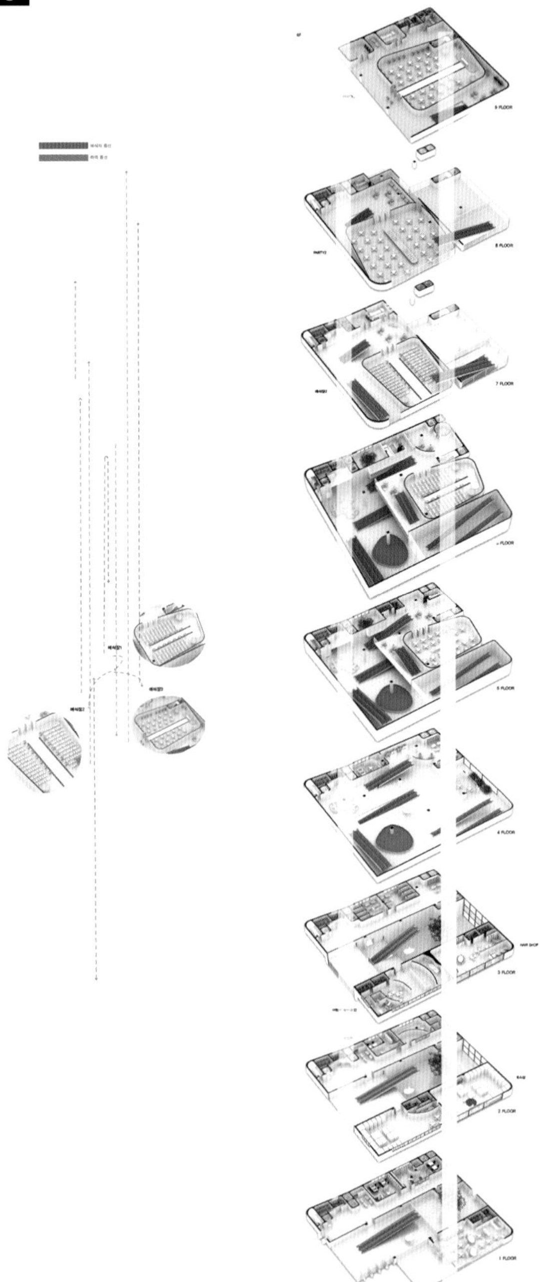

IMAGE (모형)

06

Korea has undergone severe cultural shift due to industrialization, urbanization as well as westernization, and this has resulted in a severe shift in lifestyle as well. In the past, wedding ceremony was a celebration of the community in the courtyard. But after Japanese and western influence came into the traditions, people started to prefer a mixture of both traditional and modern ceremonies.

Due to lifestyle changes, entrance of western wedding culture, tttand change in living style, wedding halls have emerged to fulfill the lack of ceremonial spaces and commercial needs.

However, construction of wedding halls has been on commercial needs, ceremonies and spaces as modern space for lifestyle though architectural features are much alire.

Due to limited time and space, as well as temporary concentration of a large crowd, inconvenience of usage has been arising. Old wedding halls have been commertcialized, and causes unnecessary and over exaggerated ceremonies.

Therefore, construction of wedding halls should escape the mundane image of more commercial structure. Its value has been reduced to a mere place of gathering, only for minimal ceremonies, not embodying traditions.

Sacred meaning of the ceremony itself should be preserved, as well as matching the lifestyle standards of modern couples.

PERSPECTIVE
07

SITE GANG-NAM IN SEOUL

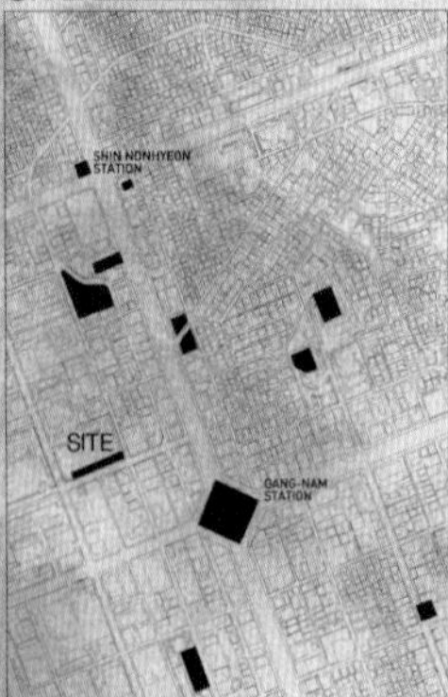

주제 : 도시의 길과 저밀도 공공대지의 경계에서 고밀도 도시문맥을 이용한 공공도서관 계획

유형 : 제1종 근린생활시설

위치 : 서울시 서초구 서초4동1310-6 서초초등학교 운동장

면적 : 약 5,430m2

PROJECT 10. 고밀도 대지 속 부재의 공간의

BOUNDAR

경계의 도서관 Jung joohyun

강남의 다양한 성격으로 대표되는 문화 중 하나인 학원 문화의 이용자들은 20~30대 젊은 성인남녀가 대부분을 차지 하고 있으나, 이들을 위한 공간은 찾아보기 어렵다. 이는 상업적 성격이 강한 강남의 특성때문이기도 하며 이들을 위한 공간이 부족하다는 것을 알수 있다.

강남의 서초초등학교 부지는 공공의 성격을 가지고 있는 운동장이 강남의 도시맥락과 어울리지 않게 길과 마주보고 있다. 도시와 마주본 넓은 영역의 공공대지는 그저 학교의 전유물로서의 운동장으로만 존재할 뿐 제대로 활용되지 못하고 있으며 또한, 도시의 흐름을 단절시키고 있다.

상업영역과 주거영역이 혼재하는 지역에서 길과 마주본 공공대지의 활용방안으로 공공도서관을 제안한다.

공사용

Y LIBRARY

ISSUE : 길과 공공성에 대하여

건축물은 길과 주변 환경에 따라 목적과 기능이 변화될 수 있는 밀접한 관계성을 가지고 있다. 즉, 주변환경에 따라 어떠한 모습이 될 수 있는지 무한한 가능성을 가지고 있다는 것이다.

보통 길과 마주한 기준층은 접근성이 좋기 때문에 대부분이 상업시설로 공공적인 성격을 가지고 있고, 상층부로 올라갈수록 접근성이 낮아지기 때문에 업무시설이나 교육시설 등 사적인 성격으로 이루어져 있는 것이 일반적으로 구성되어 있는 방식이다. 강남 또한 이러한 방식으로 다양한 컨텐츠가 길과 관계를 맺으며 발달한 도시이다.

강남역과 신논현역을 지나는 거대한 u-street를 중심으로 대로변은 큰 빌딩들로 구성되어 있고, 도로를 중심으로 양쪽으로 다양한 컨텐츠들이 혼재되어 공존하고 있다.

그러나 이 설계안의 사이트인 서초초등학교 부지는 성격이 다르다. 길과 관계를 맺으며 존재하고 있는 상업적 성격을 가진 건물들이 빽빽하게 고밀도화 되어있는 가운데 공공의 성격을 가진 학교 운동장이 상당한 면적으로 길과 마주하고 있다. 하지만 운동장은 마치 보이지 않는 경계가 있는 듯이 길과의 관계성을 맺지 못한채 도시의 흐름마저 단절시키고 있다.

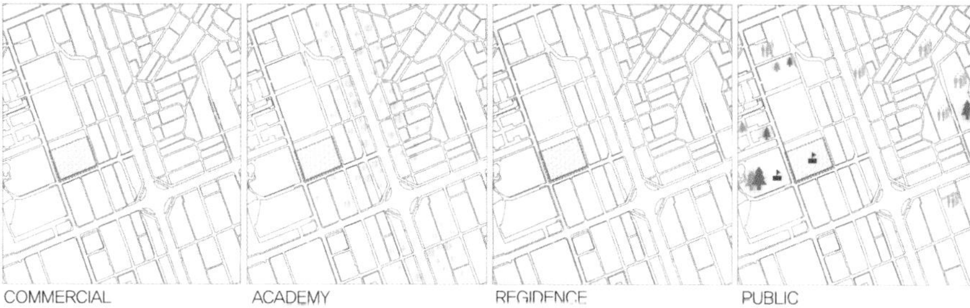

ANALYSYS

강남을 대표하는 대로변 중심으로 여러 현황을 조사해 보았을때 본 프로젝트에 해당하는 몇가지를 추스린 결과 상업, 학원, 주거, 공공의 특징으로 분석하고 각각의 현황들을 종합하여 계획안을 도출할 수 있었다. 즉, 상업과 주거공간, 또한 많은 유동인구들이 공존하는 도시 속에 많은 시설들이 있지만 그 중에서도 교육시설이 많이 존재함에도 불구하고 그것들은 하나의 상업으로만 존재할 뿐 2차적인 시설이 부족하며, 공공적으로 사용될 수 있는 공간 또한 현저히 부족한 것으로 분석해 볼 수 있다.

SITE : 서울 서초구 서초4동 1310-6번지 서초초등학교

사이트는 학교시설인 서초초등학교 운동장으로 강남역 6번출구에서 멀지않은 약 250m 거리에 위치해 있다. 빽빽한 상업의 고밀도화 안에 부재의 공간으로 존재하고 있으며 이 사이트를 기점으로 하여 주거지역이 많이 존재하고 있다. 전면과 좌측면에 4차선 도로로 둘러싸여 있으며, 도로와 운동장의 레벨차이는 3m가량 나있는 상태로 보도에서 보았을때 운동장이 아래로 내려다 보이는 상황이다. 현재 보도와 만나는 부분은 운동장 방향을 관람할 수 있는 단치로 이루어져 있고 그 경계에는 식재와 울타리로 인하여 거리와는 소통되지 않고 있다.

운동장의 면적은 전체 145m x 100m로 학교시설에 피해를 입히지 않는 운동장의 면적을 확보한 후에 건축해야 한다. 최소한의 면적을 차지하여 운동장 사용에 피해가 가지 않아야 하며, 건축물 또한 그 기능을 할 수 있어야 한다.

운동장과 보도간의 3m 단차를 이용한 접근 방식을 고려해야 하고, 도시의 흐름을 이어주지 못하는 점을 감안하여 보도와 만나는 부분에 연결고리의 기능이 필요하나, 이러한 기능들로 인하여 학교의 정체성이 방해해서는 안된다.

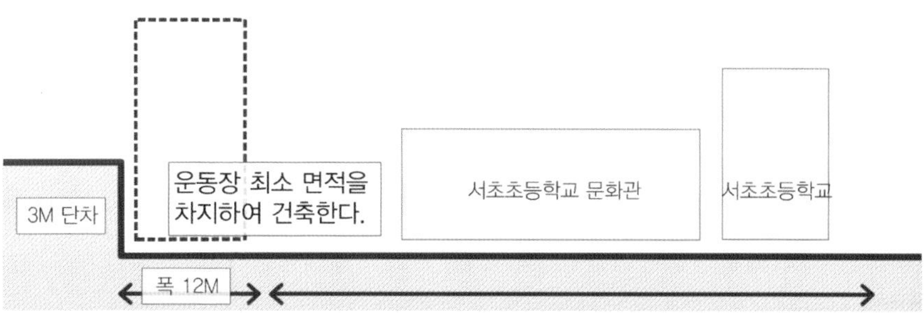

한국은 1관당 인구수가 7만 6천명인데, 미국, 영국, 일본, 프랑스, 독일 등은 4만~7천명 정도로 적은 인구를 서비스 대상으로 하고 있어 국내 공공도서관시설이 매우 열악한 실정임을 알 수 있다.

평생교육의 정의와 범위

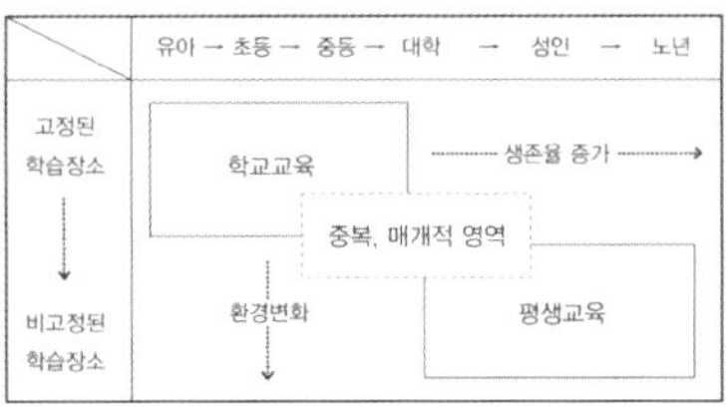

공공도서관은 평생교육의 실천도장으로서 학교교육을 제외하고 제도적으로 만들어진 사회교육을 책임지는 곳으로 점점 중요성이 대두되고 있으며 공공도서관은 평생 교육의 역할로 지역사회가 제공할 수 있는 공공서비스 교육의 기능을 해야 한다.

도서관 출발의 길을 한번 되집어 보자.
1차적으로 소장하거나 이용가치가 있는 자료나 정보를 체계적으로 정리해서 보존하고 열람, 대출, 복사, 디지털화해서 서비스하는 고유기능이 있다. 2차적으로는 평생교육을 실시하는 일이다. 관종에 따라 평생교육을 더 중요시하고 도서관의 1차적 고유사명을 뒤로하는 경우도 있을 수 있다.
도서관하면 보통 공공도서관을 지칭하는 말로써 도서관의 종류를 보면 공공도서관, 학교도서관, 대학도서관, 전문도서관, 특수도서관이 있는데 공공도서관을 제외한 기타 도서관은 그 지역의 문화를 발전시키는데 중요한 역할을 하는 곳이다. 공공도서관의 기능을 보면 다른 도서관보다 두 가지 기능이 더 있어 그 역할과 기능이 다르단 것을 인식해야 할 것이다.
평생교육은 자기 스스로 노력도 해야 하지만 제도적인 뒷받침이 있어야 소기의 목적을 달성할 수 있는 것이다. 평생교육의 중요성은 위에서도 언급했지만 그 중요성에 비해 실질적인 사회교육을 하는 기관이 없다. 사설 교육기관은 일부 있지만 이들이 평생교육 기관을 대변하기는 미흡하다.

공공도서관은 평생교육의 실천도장으로서 도서관은 평생교육 중에서도 제도적으로 만들어진 학교 교육을 제외한 사회교육을 책임지는 곳이다.

학교시설을 이용하는 학생 집단, 인근 지역주민집단, 강남의 교육시설을 이용하기 위해 방문하는 유동인구 집단의 3가지 집단의 유형을 만족시킬 수 있는 공공도서관을 제안한다.

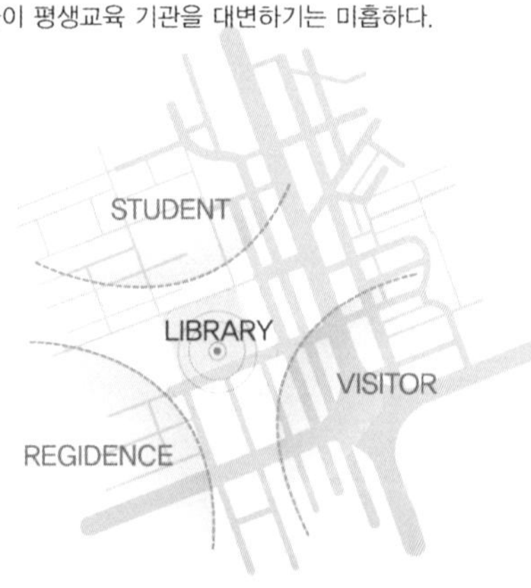

기존 도서관

- 정의

공중의 정보이용, 문화 활동 및 평생교육 증진함을 주된 목적으로 하는 시설

지역사회 주민의 지식개발에 이바지 하는 교육적, 문화적, 경제적인 사회복지기관으로의 역할을 수행한다.

- 기능

① 정보적기능 : 유형 무형의 기록자료를 통해서 각종 지식정보와 생활정보를 제공하는 기능으로서 거의 모든 도서관이 공통된 기능이다.

② 교육적기능 : 공공도서관은 평생교육 중에서도 제도적으로 만들어진 학교교육을 제외한 사회교육을 책임지는 기능을 한다.

③ 문화적기능 : 공공도서관은 그 지역 문화가 발전하기 위해서 각종 문화 활동을 주관하고, 지원, 유치하여 발전시키는 기능을 한다.

- 문제점

① 인구당 공공도서관의 수 부족

② 도시민의 일상적 삶이 가장 먼저 고려되지 못하고 수고스럽게 찾아가는 곳이 되어버린 입지상의 문제

③ 공공도서관만의 3가지 기능이 정보적 기능에만 치중되어 나머지 2가지 기능의 역할 부족

④ '정보적기능'이 여러 기관들과 병합되고, 인터넷의 확산으로 더이상 도서관의 전유물이 아닌 것으로 변화

⑤ '문화적기능'과 '교육적기능'이 주부와 어린이들에게만 치중되는 현상

⑥ 공부방의 모습만을 가지고 있는 정적인 모습의 일반 열람실의 대형화로 답답하고 지루한 이미지의 공간

⑦ 다양한 문화행사와 강좌를 개설 운영하고 있으나 인력, 재정, 시설 등 여러 제약으로 인하여 지역주민들의 욕구를 충족시키지 못함

계획 도서관

- 정의

현대인의 평등한 교육기회를 다양하게 제공하면서 정보의 이용과 문화 활동을 목적으로 하는 시설.

IT강국의 21세기에 맞는 정보제공과 공부방 이미지를 넘어서는 교육문화센터의 역할을 수행한다.

- 기능

① 정보적기능 : 인터넷의 확산으로 디지털화된 자료를 열람할 수 있는 디지털형식의 열람공간을 만들어 색다른 공간을 제공한다.

② 교육적기능 : 평생교육의 공간으로 중요성이 커져가는 공공도서관에서 생활정보나 꼭 필요한 정보 등 교육공간으로의 입지를 높인다.

③ 문화적기능 : 주부와 어린이들에게 한정되어 있는 문화공간을 공익적 성격을 가진 상업공간과 융합시켜 다양화한다.

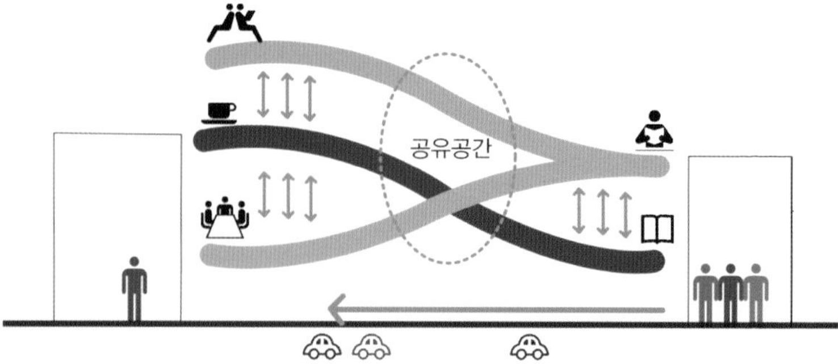

CONCEPT

사이트가 마주하는 길과의 단절된 관계성을 살려주기 위해서는 도시의 문맥을 일부 받아들여야 한다. 현재 사이트 인근은 도시의 상업적 요소들로 하여금 사람들이 자연스럽게 유입되고 이동하게 되는데 사이트는 학교 시설이기 때문에 그 이동 흐름이 단절되고 있다. 이를 보완하기 위하여 도로에서 진입하는 진입부에 상업시설을 일부 적용하여 어색하지 않은 접근을 만들고자 했다.

이 상업시설은 공공도서관과 학교시설과 너무 상반되지 않는 공익적 상업, 즉 중고책 거래장터, 아름다운 가게, 서점 등의 성격을 가지도록 하여 공공도서관의 성격에 모순되지 않게 한다. 이러한 상업시설은 길과의 흐름을 이어준다는 의미와 연결하여 상업적인 기능이 긴 하나의 매스 안에서 기능하도록 설계하였다. 이 상업의 기능을 가진 매스는 도서관 내에 필요한 서점이나 문구점, 카페 등을 도서관의 기능을 가진 매스 사이로 관입시켜 도서관 내부 어디에서나 편리하게 접근가능하는 것이 특징이며, 동선이 자유로워 지고 내부 기능들이 서로 소통가능하게 된다.

기존의 도서관에서의 열람공간의 형태는 주로 공부하는 학생들의 전유물로서 기능하였으며 이러한 도서관의 모습들이 사람들의 인식을 정적이고 고리타분하게 만들었다. 본 설계안에서는 이러한 열람실의 형태를 스터디 공간으로 분리시켜 배치하였고 이는 카페와 식당 등 상업성격을 중간에 두고 배치되어 상호 교류가 가능하도록 하였다.

운동장에서 진입하는 영역은 운동장을 사용하는 사람들을 위한 공간과 초등학교 학생들을 위한 어린이 도서관의 기능을 넣었다. 상부층과는 동선이 섞이지 않게 하여 학교이용자들의 영역이 정체성을 잃지 않도록 한다.

VIEW 1

VIEW 2

1+5+7+8 commercial

[상업시설]

강남 도시 문맥을 이어주며 상업이지만 공공의 성격을 가진다.

4+6+9+10 Library

[교육센터, 스터디룸, 도서관서고]

서고중심이 도서관이 아닌 각 기능이 부각된 공간으로 독립 배치하였지만 동선의 흐름에 따라 공간이 소통한다.

4.Education

지역사회에서 필요한 학습 [평생교육센터]

직업정보, 생활정보, 건강정보센터, 창의력개발교육, 창업기술교육, 영어교육, 이력서첨삭, 가족서비스(숙제지원 등)

11. Children library

[어린이도서관]

운동장에서 진입, 학교시설을 보충해주는 공간 공간의 특성상 지상층과 단절되는데 도서관을 이용하는 젊은 성인들과 소통하는 교육프로그램이 있어 일부분 소통 가능하다.

1. Shop/2,7. Cafe/3.Gangnam infocenter
4. Education/5. Shop/6. Study room
8. Food court/9,10. Library
11. Children library + Study
12. Rocker room/13. Yard/14. Roof garden

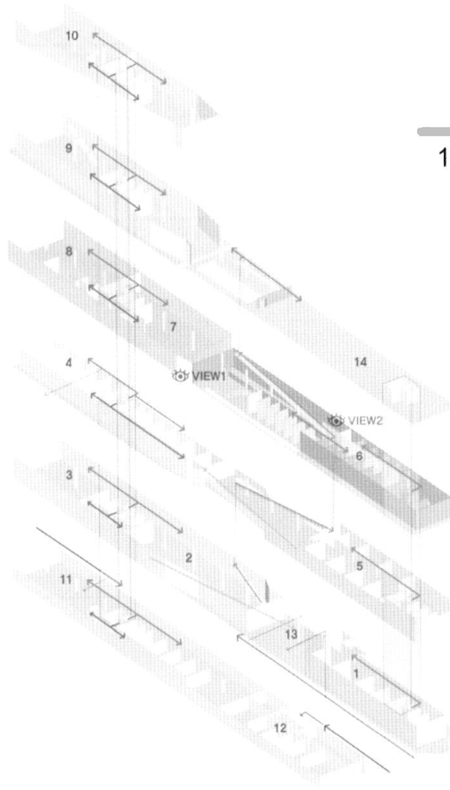

PLA

SCALE 1:2

5F
4F
3F
2F
1F
HALL
DECK
SHOP
14.5m (4차선 도로)
X1
X2
X3
X4
X5
X6
X7
X8
X9
X10
X11
X12
X13
X14

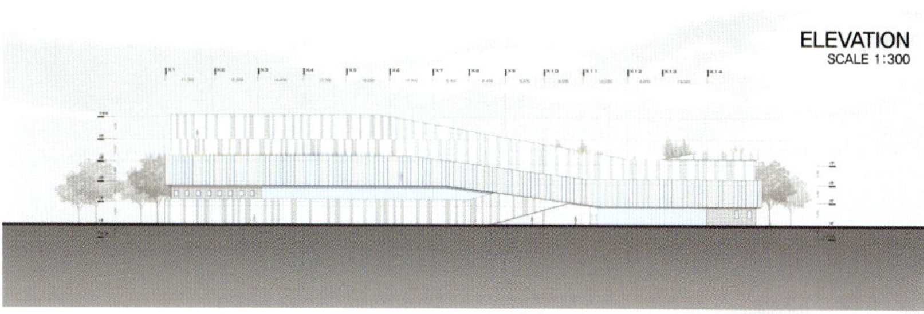
ELEVATION
SCALE 1:300

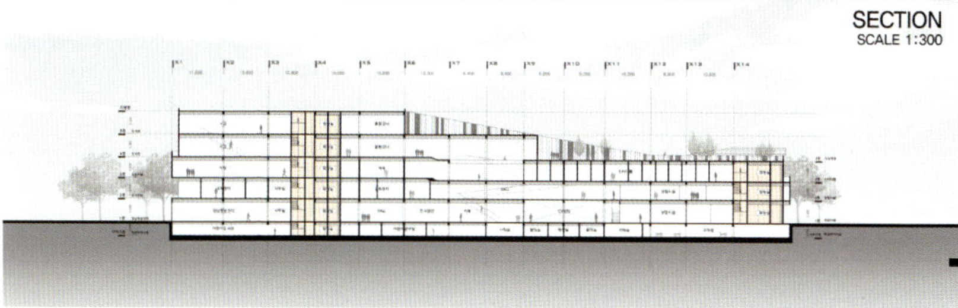
SECTION
SCALE 1:300

CHILDHOO

SITE GANG-NAM IN SEOUL

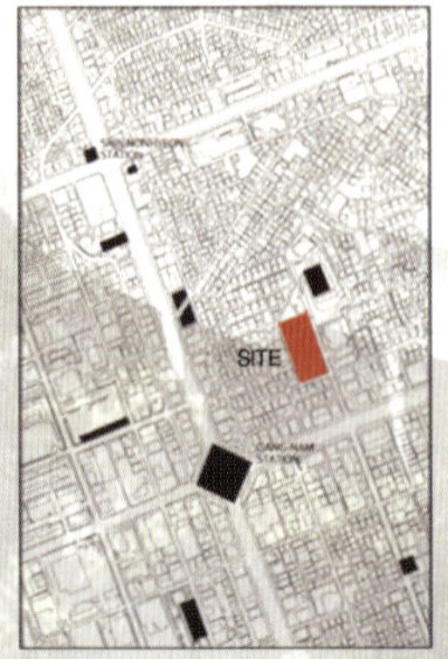

주제: 1. 프로그램의 특징에 따른 움직임의 공간구성으로 규모의 병치와
다양성, 다감각성을 느끼는 박물관 디자인
2. 도심내 공원(Urban Park)으로써 기능을 충족하는 공원 디자인
유형: 체험식 어린이 박물관
위치: 서울시 강남구 테헤란로 북4길 21(역삼1동 635-1)(현 국립어린이
면적: 4,820m², 규모: 지상 2층, 지하 1층
건폐율 및 용적율: 건폐율 30%, 용적율 130%

D ELLIPSE

PROJECT 11. Urban Greenscape

정호연 JEONG HO YEON

국내 어린이 박물관은 진열식(Hands-off) 전시를 기반으로 체험식(Hands-on) 전시와 놀이(Playing)를 통한 전시를 병합하고 있다. 주요 프로그램은 역사로 한정되어있다. 또한, 전문 어린이박물관의 수가 부족하다. 상호 작용식(Interactive)전시와 체험식(Hands-on)전시에 바탕을 둔 탐험(Exploration)과 예술(Arts)의 내용을 가진 전문 어린이 박물관이 필요하다. 또한, 건축 자체도 아이들의 체험전시물로 기능하여야한다. 움직임에 따른 공간구조를 통해 공간의 다양성과 다감각성을 느끼도록 디자인했다.

이러한 박물관이 도심내 그린 휴식 스페이스에서는 어떻게 이용가능 한가는 이 프로젝트의 가장 중요한 요소 중 하나이다. 의미를 조금 더 확대하여 거대 도심내의 그린 휴식 스페이스의 역할 또한 함께 생각해보고자 했다.

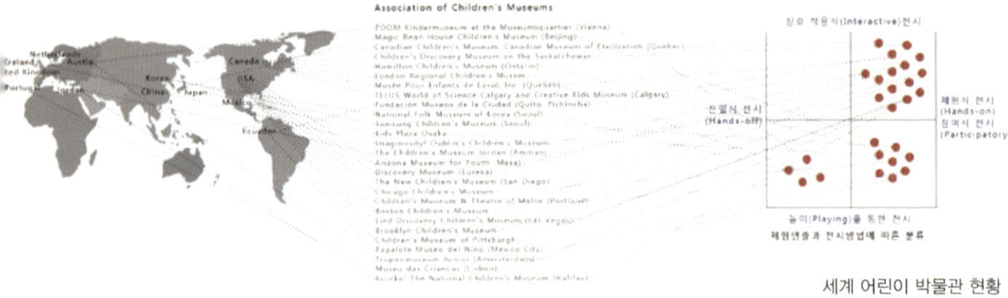

세계 어린이 박물관 현황

어린이 박물관의 정의

국제박물관협회(ICOM : International Council of Museum)에 따르면 박물관은 인류와 인류 환경의 물적 증거를 연구, 교육, 향유할 목적으로 이를 수집, 보존, 조사연구, 상호교류(교육 전시)하는 비영리적이며 항구적인 기관으로서, 대중에게 개방되고 사회 발전에 이바지하는 기관이라 정의된다. 어린이박물관의 명칭은 국제박물관협회(ICOM)에서 어린이를 타겟으로 서비스를 제공하는 박물관이라고 칭하고 있으며, 박물관의 가장 큰 특징인 소장품을 갖고 있지 않음에도 불구하고 어린이박물관을 새로운 개념의 박물관으로 받아들였다. 또한 미국박물관협회(AAM : Association of American Museums)는 어린이박물관을 아동의 호기심을 자극하고 이들에게 학습동기를 유발하는 전시와 프로그램을 제공함으로써 아동의 욕구와 흥미에 부합하는 기관으로 정의하고 있다. 상설적인 비영리 기관으로서 어린이박물관의 본질은 교육에 있으며, 사물(object)을 이용하고 전문성을 지닌 직원을 고용하며, 정규적인 스케줄에 따라 대중에게 개방되는 기관으로 설명하고 있다. 이러한 정의를 종합해 볼 때 어린이박물관이란 특정 주제나 소장품으로 정의되는 곳이 아니라 방문객유형에 의해 정의되는 독특한 장이다. 실제 유물이 전시되는 공간이 아닌 박물관의 설립취지나 기획의도에 따라 다양한 아이템으로 다양한 체험전시물이 제작되어 어린이들로 하여금 다양한 체험학습을 할 수 있는 비형식 교육의 공간이다.

어린이박물관은 어린이들이 스스로 선택하여 체험하여 학습할 수 있는 공간이다. 어린이뿐만 아니라 함께 온 성인에게도 박물관을 쉽고 편하게 접할 수 있는 방법을 일깨워주며, 기존의 딱딱했던 유물전시의 박물관에서 벗어나 박물관에 대한 호기심과 흥미를 느끼게 해주는 장소로서의 역할도 함께 한다.

어린이 박물관의 역사

기원 (1899~1957)

어린이에게 효과적인 학습을 제공하기 위한 새로운형태의 어린이 박물관을 개발 하면서 배운다는 듀이의 이론과 자유로운활동을 통한 학습을 주창한 몬테소리의 교육이론의 영향을 받았다.

초기 어린이 박물관은 대중적 사용을 목적으로 하지않고 기존의 오래된 주택에서 출발
브룩클린 어린이 박물관과 보스턴 어린이 박물관이 19세기 빅토리아 양식의 주택에서 출발했다.

과도기 (1958~1980)

오늘날 어린이 박물관의 모습을 갖추기 시작했다. 참여와 상호작용 개념의 도입으로 "직접체험(Hands-on)" 개념이 정의되고 체험식 박물관으로 어린이 박물관의 개념이 변화했다.

어린이의 형태와 발달에 대응하는 어린이 박물관의 건축적 개념에 대한 고려가 시작되었다. 사용자, 전시, 건물의 연계 고려하는 등 건축도 사용자 지향적으로 변화되었다.

발전기 (1981~현재)

80년대부터 급속도로 증가하여 현재 미국에만 300여 개, 세계적으로 400여 개의 어린이 박물관이 운영 중이고 미래에 더 증가할 것으로 예측된다.

어린이 박물관의 건축적 요구가 보다 증가되고 있다. 건축과 전시에 건축적 개념을 적용하는 형태가 다양화 되고 있다.

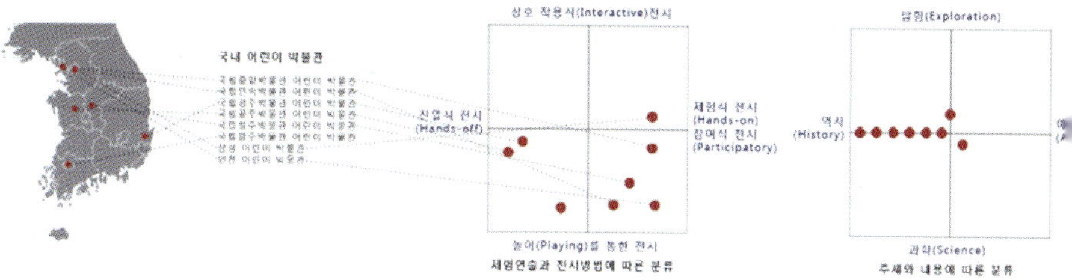

국내 어린이 박물관 현

전시의 종류와 특성

진열식(Hands-off)전시
일반 박물관에서 주로 사용되는 전시기법으로 전통적인 "Don't Touch"의 전시물 가치 중심적인 전시이다. 전시물과 관람객의 관계가 너무 일방적이고 거리감이 크게 작용하여 관람객의 박물관 경험을 약화시킨다.

체험식(Hands-on)전시, 참여식 전시(Participatory)
어린이 박물관전시의 가장 기본적인 특징으로 관람객이 전시물을 직접 만져보고 경험할 수 있도록 허락된 전시이다. 어린이의 경우 직접 만져보고 체험하는 과정에서 보다 자발적이고 구체적이며 효과적인 학습을 한다는 교육 이론의 영향으로 시도 되었다.

상호 작용식(Interactive)전시
단순히 만지는 것에만 그치는 것이 아니라 전시물의 조작을 통해 얻어지는 결과와 반응으로 학습의 효과를 향상 시키는 전시이다. 전시의 결과에 대해 개방성을 부여함으로써 어린이들의 자발적인 탐구정신과 창의적이고 독창적인 학습을 유도한다.

놀이(Playing)를 통한 전시
어린이 박물관전시의 가장 기본적인 특징으로 관람객이 퀴즈, 게임놀이를 통하여 전시내용을 이해한다. 관람객인 아이들의 안전성을 고려하여 놀이기구를 제작한다.

어린이 박물관의 프로그램 이슈

세계 어린이 박물관 현황에서 볼 수 있듯이, 현재 어린이 박물관은 상호 작용식(Interactive)전시와 체험식(Hands-on)전시 방법을 취하고 있으며 그 내용은 탐험(Exploration)과 예술(Arts)에서 두드러짐을 알 수 있다. 그에 반해 현재 국내 어린이 박물관은 진열식(Hands-off)전시를 기반으로 체험식(Hands-on)전시와 놀이(Plying)를 통한 전시를 병합하고 있다. 주요 프로그램은 역사로 한정되는 한계를 보여주고 있다. 주로 국립박물관의 부속 프로그램으로 운영되고 있으며, 전문 어린이 박물관이 부족한 현실이다. 이에 따라, 상호 작용식(Interactive)전시와 체험식(Hands-on)전시에 바탕을 둔 탐험 (Exploration)과 예술(Arts)의 내용을 가진 전문 어린이 박물관을 디자인했다.

강남구 공원현황

강남구의 Greenscape

강남은 많은 수의 공원을 가졌음에도 불구하고 그 역할이 만족스럽지 못하다. 강남구 통계에 따르면 강남시민이 가장 필요하다고 생각하는 시설 1위가 바로 공원이다. 그 공원의 역할은 서양의 광장과는 다른 운동과 자연녹지 공간의 충족이 되어야 할 것이다. 많은 사람들이 산을 이용 함에도 불구하고 도심 속 공원의 이용이 낮은 것은 공원이 제대로 역할을 수행하지 못하고 있기 때문이다. 많은 인구가 밀집되어 있는 강남에서 도심 속 공원의 모습을 제안해야 했다.

사이트는 강남역 근처에 위치한 국립어린이청소년도서관이다(서울특별시 강남구 역삼1동 위치). 건물의 밀도가 높은 강남에서 찾아보기 힘든 녹지 공간에 위치해 있으며, 높은 레벨로 인하여 강남을 내려다 볼 수 있는 좋은 환경을 가지고 있다. 그러나 강남이 빠르게 변하고 있고, 유동인구가 많다는 점, 주거시설이 점점 사라지고 있다는 점, 문화시설이 부족하다는 점을 생각해보았을 때 현재 국립어린이청소년도서관은 이용자의 한계와 접근성의 한계를 가지고 있다. 1981년 중앙도서관 분관으로 개관한 이 건물은 두 차례의 개보수를 거쳐 지금의 국립청소년어린이도서관이 되었다. 비록 보수는 하였지만 기존 건물의 한계를 벗어나지 못하는 문제를 가지고 있다. 국립어린이청소년도서관은 강남대로변과 높은 레벨차이로 인하여 생겨난 옹벽으로 인하여 단절 아닌 단절의 형태를 취하고 있으며, 접근대로가 강남대로(강남대로94길)에서 생겨난 길이 아닌 테헤란로(테헤란로7길)로 접근성이 용이하게 되어있다. 프로그램 이용자 역시 테헤란로 길에서부터 북쪽으로 위치한 주택의 이용자가 다수이다. 강남에서 찾아보기 힘든 녹지공간을 가졌음에도 불구하고 그 이용성이 떨어지며 도서관과 공원 사이를 주차장으로 이용하는 아쉬움이 있다. 높은 레벨차이로 인한 좋은 경관을 가졌음에도 불구하고 그 이용성이 떨어지는 점 역시 아쉬운 부분이다.

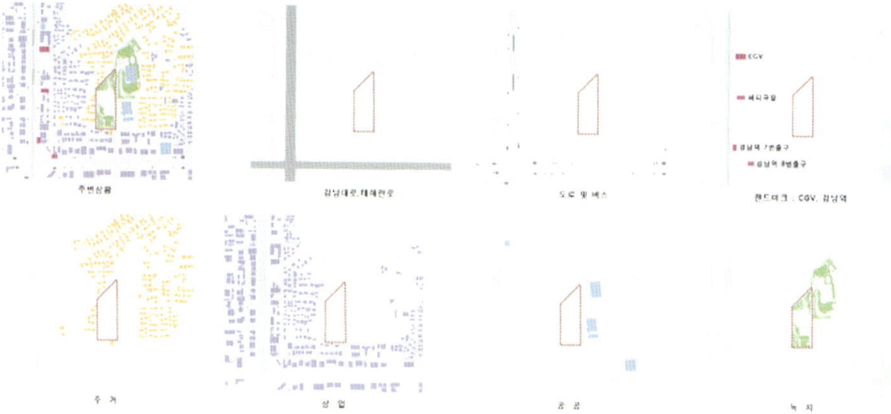

사이트 주변 현황

사라지는 단독주택

전체적인 서울의 흐름과 같이 강남도 그 추세가 줄어들고 있다. 특히, 사업체수가 제일 많은 역삼1동의 변화는 매우 크다. 강남대로의 발달로 인하여 상업지역이 커지면서 그 주변에 있는 단독주택들의 입지는 상대적으로 약해지고 있다. 강남대로변의 상권이 계속 커지고 있다는 점, 발전의 속도가 점점 빨라지고 있다는 점을 생각해보았을 때, 그 주변의 단독주택도 변화될 가능성이 크다고 예측할 수 있다.

찾아가는 어린이 박물관

유동인구가 많고, 순환이 빠른 소비적 지역이며 점차 단독주택의 수가 줄고 상업 지역 및 문화시설로 대체될 것으로 예상된다. 이에 따라 기존의 도서관은 기존 한정된 지역의 이용자만을 수용할 뿐 그 변화를 이겨내기 힘들다. 변화에 흐름에 맞추어 한정된 지역의 이용자를 위한 시설이 아닌, 사람들이 찾을 수 있는 공간이 필요하다.

지자체의 출범 이후 박물관(미술관 포함)의 수도 꾸준히 늘고 2009년 우리나라 박물관 역사가 100주년을 맞이하며 현재 500개가 넘는 박물관이 운영되고 있다. 또한 문화와 정보의 시대가 되면서 박물관전시의 범위와 역할도 확대되고 있다. 이제 우리는 박물관의 양적 성장이 아니라 박물관의 질적 성장에 대해 논의할 시기라고 볼 수 있다.

박물관의 역할을 수집, 관리, 보존, 조사, 연구, 전시, 교육이라고 볼 때 관람객과 커뮤니케이션 할 수 있는 기능은 전시와 교육에 해당한다. 그 중에서도 전시는 박물관의 꽃이라고 불리듯 박물관에서 하는 활동 가운데 관람객과 소통하는 가장 좋은 방법이 된다. 박물관 전시는 단순히 진열만 하던 과거에서, 경험을 중요시하는 체험전시(Hands-on) 그리고 감동을 주고자 하는 감성전시(Minds-on)에 이르기까지 많은 변화가 진행되고 있다. 이러한 요소들은 분명 사람들을 찾게끔 만들 수 있는 매력적인 요소로 작용할 것이다.

관람시간이 다른 동선

강남은 전국에서 유동인구가 제일 많은 도시이다. 특히 역삼 1동은 교통의 중심지로 지하철, 버스, 자동차들이 쉴세 없이 거리를 채운다. 강남에 머무는 사람이외에도 다른 장소를 가기 위해 머무르는 사람도 많다. 그로 인해 강남대로에 있는 빌딩들은 약속의 장소 역할을 한다. 수많은 유동인구는 강남의 유흥 및 소비 문화를 가속화 시켰다. 이로 인해 강남은 목적을 가지고 오는 사람과, 잠시 머무르다 가는 사람으로 구분 지을 수 있다.

어린이도서관의 큰 기능적 공간은 전시공간과 교육공간이다. 일회성인 전시공간에 비해 교육공간은 학습의 장소로써 정규적인 공간이다. 이 두개의 동선은 확실히 구분되어야 하며 이용자의 불편함이 없어야 한다.

전시공간은 강남을 목적없이 찾아와 잠시 방문하는 사람과, 적극적인 관람을 목적으로 온 사람들을 위한 두 개의 동선을 가져야 한다. 아이들의 행동 특성상 호기심을 자극하기 위해 일방향의 동선보다 다양한 동선을 통해 아이들 스스로 전시물을 찾게한다.

관람자의 목적에 맞게 효율적인 관람이 가능하다.

Luis Barragan and Mathias Goeritz
Monumental Towers, Mexico City, 1957

Gianlorenzo Bernini
Colonade, Piazza of St. Peter's, Rome, 1656

규모의 병치와 공간의 다양성

규모의 병치와 공간의 다양성은 모든 연령의 어린이를 위한 즐거움의 원천으로 규모는 공간의 크기나 그들 자신과 관련된 건물에 대한 인식이고, 공간의 규모와 다양성은 어린이에게 강력한 상상의 수단이며, 게다가 어른들에게도 매력적으로 다가가는 측면이다. 생각을 가지고 놀고 또 그 결과를 상상하는 소질은 나이와 상관없이 모든 사람에게 기쁨이며, 사실 가장 성공적인 전시는 어린이와 어른 모두에게 기억되는 것이기 때문에, 어른과 어린이에게 어필하는 것은 전시 또는 건물 디자인에 있어 중요한 이슈가 될 것이다.

어린이들의 환상에 어필하는 규모는 미니어쳐 크기, 어린이 크기, 과장된 거대한 크기.
공간의 규모와 다양성은 어린이에게 강력한 상상의 수단.

Maya Lin
Vietnam Velerans Memorial, Washington, DC, 1982

Perkins, Wheeler & Will with Eliel and Eero Saarinen
Crow Island Elementary School Winnetka, Illinois,1940

다감각성

건축가들은 어른-어린이 상호작용에 전도력 있는 환경을 창조할 수 있으나, 어른과 어린이가 공간을 지각하는 방법에 중요한 차이가 있고, 어린이가 건물과 같은 사물에 관계하는 방법에도 차이가 있음을 충분히 고려해야 한다. 특히, 어린이의 발달된 감각성은 건물과 사물을 인지하는 방법에 대한 고려를 필요로 한다. 오감의 건축화를 시도하여 아이들의 아날로그적인 감성을 자극할 필요가 있다.

전시의 접근, 형태와 질감의 접촉, 형태의 인지와 공간의 경험, 다양한 냄새와 소리를 감지하는 것 등을 포함.
형태와 공간의 조작, 주광의 질, 색상, 질감 및 재료의 선택, 건물 시스템과 음향학 중요.

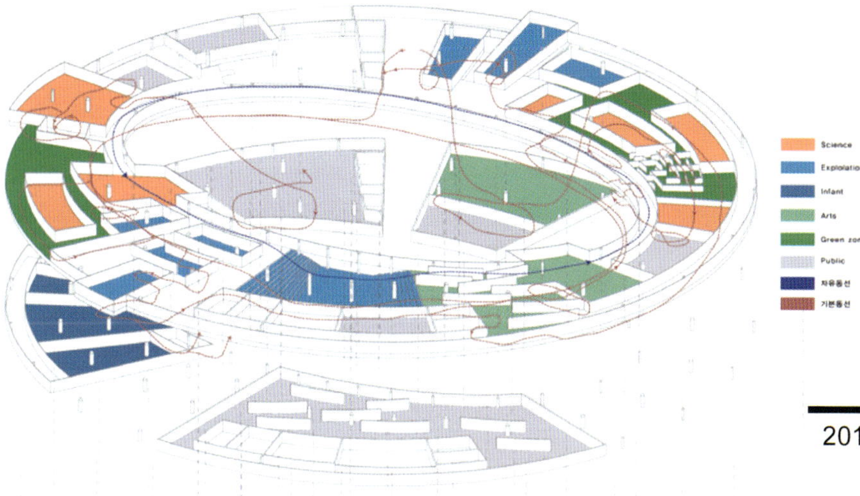

프로그램 다이어그

프로그램의 배치와 동선 계획

찾아오는 박물관의 형태상 머무르는 공간과 움직이는 공간의 병치는 매우 중요한 사항이다. 1층과 2층의 역할이 분명히 다르기에 1층은 공원을 찾아오는 사람들을 위한 무료 갤러리를 조성하여 자연 속 갤러리를 조성하였다. 1층의 공공적인 기능의 강화는 도시속의 Greenscape를 어떻게 표현할 것인가에 대한 방안이다. 도심 속 공원과 프로그램이 자연스럽게 결합함으로써 자연스럽게 유도하는 역할을 한다. 2층은 전용어린이 박물관으로써 동선의 분리를 필요로 한다. 하나의 동선은 관람시간을 최소로 필요로 하는 동선이며, 또 다른 동선은 자유롭게 박물관 전체를 둘러볼 수 있는 동선이다.

각 프로그램은 하나의 그룹을 이루고 있다. 어린이 박물관의 가장 큰 특징이기도 한 프로그램은 Science, Explolation, Arts, Infant 로 구분 되어있다. 이 프로그램은 단순한 병치가 아닌 수직적, 수평적 병치를 통해 움직임을 통한 관람을 전제로 하고 있다. 자연스럽게 움직임을 통해 프로그램을 학습하며, Green zone과 Public zone을 통해서 공간을 풍부하게 만든다.

각각의 다른 용도와 프로그램에 맞는 규모를 가진 실들은 독립된 개체로써 관람자들에게 인식된다. 두 개의 동선에서 시작한 공간구성은 수직적 연결과 박물관의 랜드마크적인 요소를 위하여 프로그램의 이동을 필요로 하였다. 밖으로 나와있는 공간은 도심 속 공원의 랜드마크의 역할을, 안으로 나와있는 공간은 많은 활동이 벌어지는 공원 중정에서 랜드마크의 역할을 할 것이다.

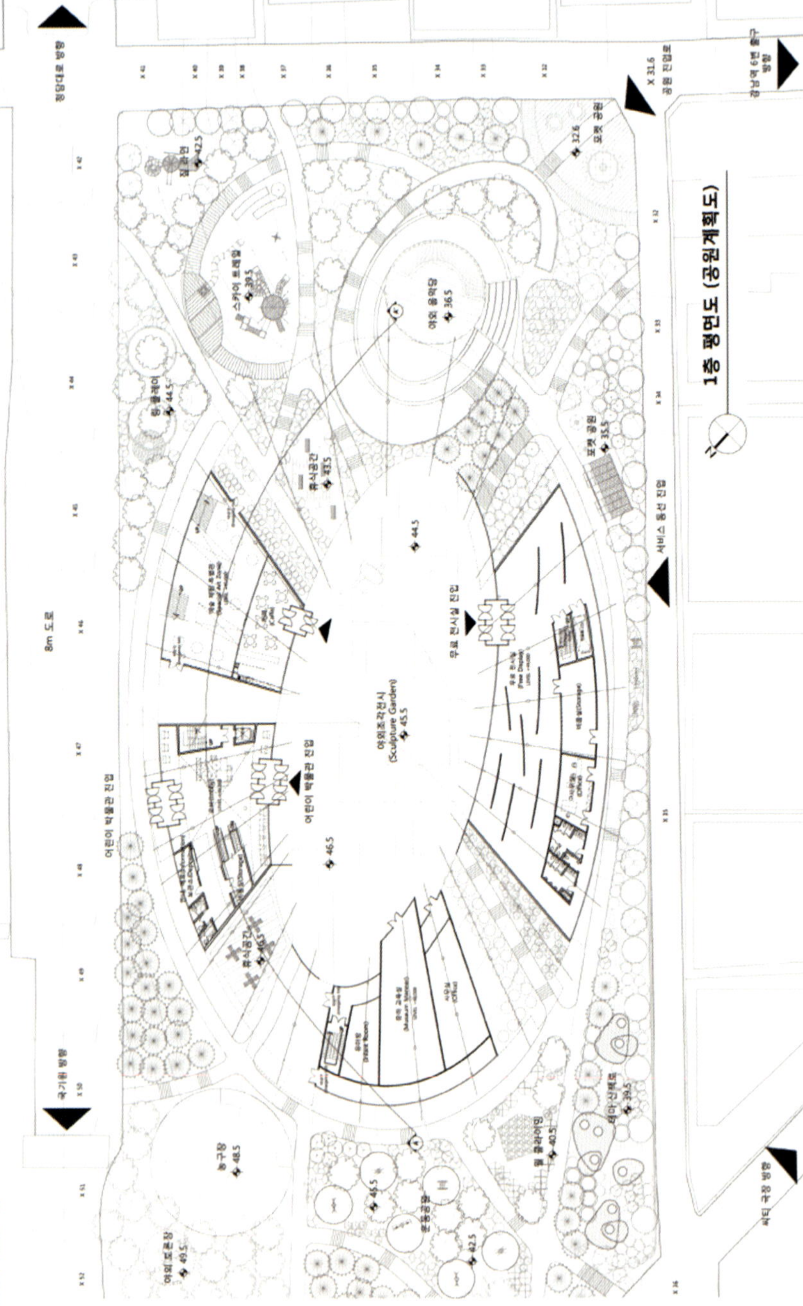
1층 평면도 (공원계획도)
8m 도로
국기원 방향
청담대로 방향
어린이 박물관 진입
야외 토론장 49.5
농구장 48.5
휴식공간 46.5
46.5
유아방 (Infant Room)
뮤지엄 교육실 (Museum Manner)
사무실 (Office)
야외조각전시 (Sculpture Garden) 45.5
44.5
카페 (Cafe)
휴식공간 43.5
야외 음악당 36.5
스카이 트레일 39.5
짐 라인 42.5
롱 플레이 44.5
무료 전시실 진입
무료 전시실 (Free Display)
비품실(Storage)
사무실 (Office)
45.5
운동공원
42.5
월 클라이밍 40.5
테마 산책로 39.5
포켓 공원 35.5
32.6
포켓 공원
서비스 동선 진입
X 31.6
공원 진입로
씨티 극장 방향
강남역 6번 출구 방향

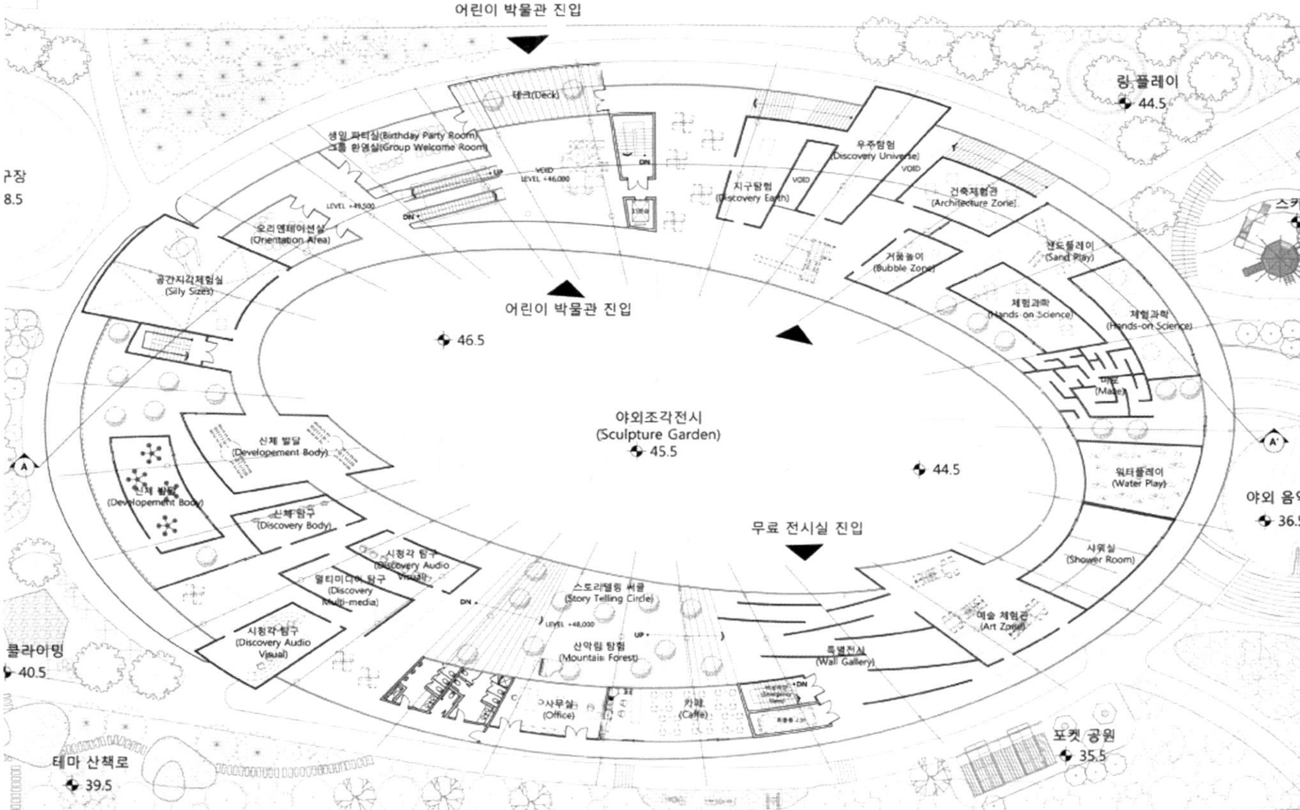
어린이 박물관 진입
데크(Deck)
생일 파티실(Birthday Party Room)
그룹 환영실(Group Welcome Room)
VOID
LEVEL +46,000
LEVEL +49,500
오리엔테이션실
(Orientation Area)
공간지각체험실
(Silly Sizes)
어린이 박물관 진입
46.5
지구탐험
(Discovery Earth)
우주탐험
(Discovery Universe)
건축체험관
(Architecture Zone)
거품놀이
(Bubble Zone)
샌드플레이
(Sand Play)
체험과학
(Hands-on Science)
체험과학
(Hands-on Science)
미로
(Maze)
워터플레이
(Water Play)
샤워실
(Shower Room)
예술 체험관
(Art Zone)
특별전시
(Wall Gallery)
야외조각전시
(Sculpture Garden)
45.5
44.5
무료 전시실 진입
신체 발달
(Developement Body)
신체 발달
(Developement Body)
신체 탐구
(Discovery Body)
시청각 탐구
(Discovery Audio Visual)
멀티미디어 탐구
(Discovery Multi-media)
시청각 탐구
(Discovery Audio Visual)
스토리텔링 서클
(Story Telling Circle)
LEVEL +48,000
산악림 탐험
(Mountain Forest)
사무실
(Office)
카페
(Caffe)
링 플레이
44.5
야외 음악
36.5
포켓 공원
35.5
테마 산책로
39.5
클라이밍
40.5
8.5
X 35
X 34
X 33

2층 평면도 (전시평면도)

지붕층
LV. 99,000
지상 2층
LV. 49,500
지상 1층
LV. 15,000

북측 입면도

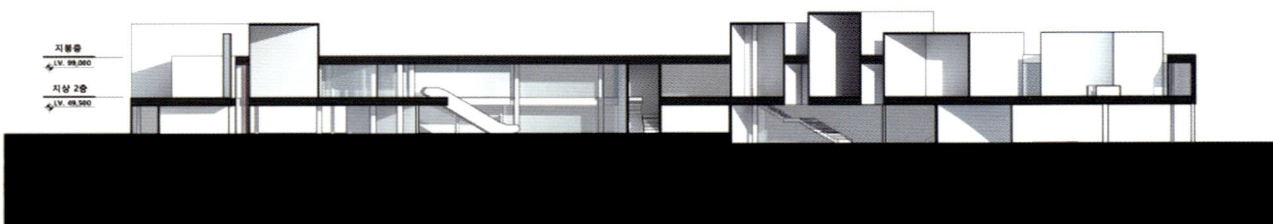

지붕층
LV. 99,000
지상 2층
LV. 49,500

A - A' 단면도

공원 투시도

Urban Greenscape

Urban Greenscape와 프로그램의 결합은 발전하는 도시의 가장 큰 과제 중 하나이다. 어린이 박물관이라는 프로그램의 특징을 도심 속 Greenscape와 결합하고자 노력하였다. 자연적인 요소를 찾고 동선과 프로그램의 분리를 통하여 그 역할을 명확히 하고자 했으며 공원내에서 프로그램이 하나의 랜드마크적인 역할을 할 수 있는 계획안을 구성하였다. 공원 속에서 건축이 하나의 독립된 개체가 아닌 전체적인 공원 속 프로그램과 함께 하는 일부분으로써의 역할을 탐구하였다. 건축의 특징과 독특한 프로그램의 특성상 규모와 배치의 한계가 있었다. 앞으로도 Urban Greenscape는 발전하는 도시의 가장 큰 이슈 중 하나로써 계속 연구될 것이다.

A RISE OF THE

주제 : 혼재된 도심을 정화하는 도심형공원과 국가대표무술 태권도의 핵심시설인 국

유형 : 복합시설 (업무시설,기숙사,편의시설,전시시설,체육관)

위치 : 서울시 강남구 역삼동 645번지 국기원

면적 : 약 6,000m2

건폐율 및 용적율 : 건폐율 23% 용적율 28%

EXTENDED PATH

PROJECT 12. 도심형 공원+국기원

궨세진 Kwon, Se-Jin

구체적 의도 및 특기사항 요약 : 70년대 강남이 개발되기 이전 준공된 국기원은 토지개발이전 강남에 터를잡았고 그로인해 주변 건물들보다 높은 곳에 위치하고 있다. 준공이후 재개발이 단 한번도 진행되지 않았던 국기원은 강남의 계속되는 개발변화에 발맞추지 못하고 있다. 현재까지 국기원부지는 강남인근에서 보기 힘든 녹지가 대지에 있지만 높은 위치와 옹벽때문에 많은이들의 발길이 닫지 않고있다. 낙후된 국기원, 현시점에서 세계에 위상을 떨치고있는 무술인 태권도에 힘을 싣기위해서는 개방적인 방식으로 도시민을 포용해야한다. 가장 유동인구가 많은 강남역 부근에 위치하고있는 국기원의 녹지는 강남역 부근의 유일한 도심속 녹지, 쉼터공간이 될 것 이다. 또한 강남일대의 녹지 부족현상과 강남대로, 테헤란로, 봉은사로 주변의 상권확장은 지리적으로 이 세개대로 가운데에 위치한 국기원을 많은 이들이 항상 지나칠 친근한 공간으로 자리매김하게 할 것 이다.

EXTENDED TAEKWONDO

태권도관련 모든 자격발급과 국가대표선발등 국가를대표하는 무술을 관장하는 최고기관인 국기원은 세계태권도의 메카이자 성지이다. 매년 수많은 외국인들이 태권도에 매료되고있으며 한국관광시 들르는 필수 이다.

NOW

다양한 프로그램이 혼재되어있는 도심.. 그 예로 강남역 일대를 이야기 할 수 있다. 그곳에는 다양한 시설이 존재한다. 사람들은 다양한 이유로 그 시설을 이용한다. 주거, 업무, 식당, 학원, 문화생활, 유흥 등의 시설들이 도시에 형성되었고 많은 일자리가 창출되었고 결국 모든 일과가 치러질 수 있도록 다양한 시설들이 마련되어 있기에 사람들은 모든 인프라가 구축되어있는 그곳으로 모여들었으며 유동인구가 많아 대중교통 또한 그곳으로 집중된다. 교통이 집중되기에 그곳은 더욱 사람들에게 만남을 위한 매력적인 장소가 되었고 그렇게 모여든 사람들에게 무언가를 판매하기 위한 시설들은 계속해서 생겨난다.

수많은 시설들은 경쟁에서 살아남기 위해 광고와 네온사인 그리고 인테리어, 서비스 등 다양한 아이디어와 새로운 도전으로 손님을 끌어들이려 한다. 이러한 변화는 강남역 일대에 격동적인 분위기를 형성하며 지나가는 이들에게 젊음을 선사 한다. 이런와중에 사람들은 도시속에서도 한적한 곳을 원한다. 지금 현재 국기원부지의 분위기는 사람들이 원하는 곳 이 될 수 있는 가능성을 갖고 있는 곳이다.

계속해서 늘어난 대로변 상점 공간은 이미 포화상태이며 이것은 대로변에서 한발 물러나 있는 곳 까지 상권의 확장이 이루어지게 하였다. 결국 그 영역은 주택가 까지 확장 되고 있다. 그곳에 분포하는 대부분의 상업공간은 카페이다. 일반 체인식의 카페가 아닌 테마형 카페들로 이루어져있으며 중간중간 엔터네이먼트.. 스튜디오(작업실)등이 자리하고 있다..

그곳의 분위기는 역주변의 북적이고 떠들썩한 분위기와는 달랐다. 그래서 더욱 이색적으로 다가왔다. main street(대로)주변 분위기 에서 한 발짝 물러나있기에 기존의 역 주변 분위기와는 사뭇 다른 편안한 느낌, 그리고 그 길을 따라가면 대지는 점차 경사지고 상승한다.

그 경사의 끝에 대한민국 국기원이 있다. 그곳은 강남일대의 개발 이전에 준공되어 가장 높은 지대에 있고 3개의대로 사이에 위치한 중심부이며...1971 년부터 강남 변천사의 시작을 같이한 장소 이다.

LACK OF GREEN SPACE

강남역 일대에 이용가능한 공원은 부족한 실정이다. 강남일대의 개발에따라 대부분의 녹지가 사라졌다.이 공원은 점점 붐벼가는 도심속 성격을 정화 시켜줄 수 있는 새로운 요소로 작용하게 될 돌파구이다.

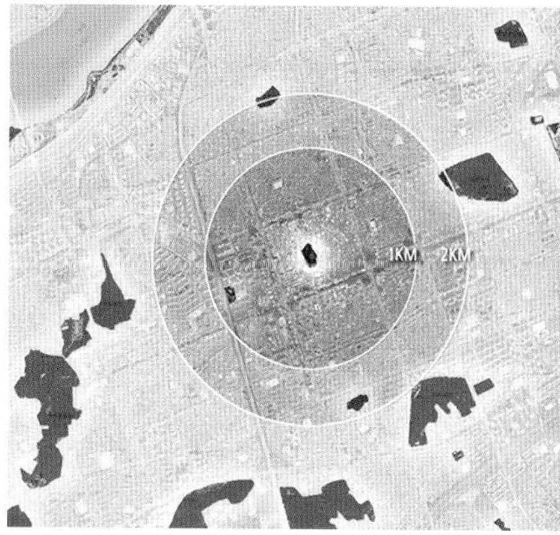

SLOPE IN GANGNAM

국기원 주변이 개발됨에 따라 국기원은 주변에비하여 상대 적으로 높은 부지와 경사를 갖게 되었고이것은 국기원 부 지로의 접근성을 낮추는결과를 초래하였다. 하지만 일단 부지에 들어서면 강남의 분위기를 시각적으로 느낄 수 있는 확트인 전망을 경험할 수 있다.

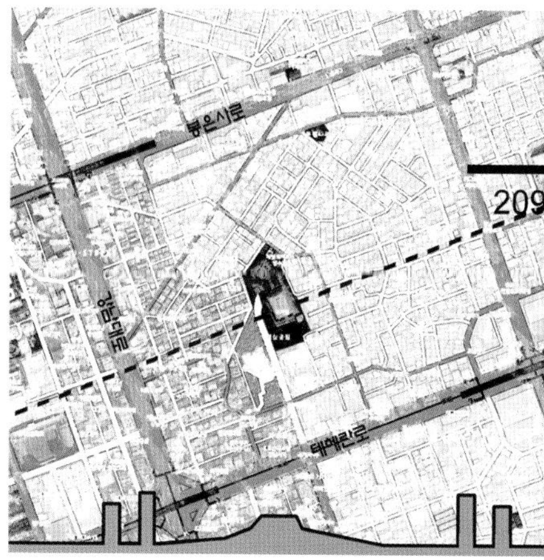

OPENED & CLOSED SIGHT

국기원 주변이 개발됨에 따라 국기원은 주변에비하여 상대 적으로 높은 부지와 경사를 갖게 되었고이것은 국기원 부지로의 접근성을 낮추는결과를 초래하였다. 하지만 일단 부지에 들어서면 강남의 분위기를 시각적으로 느낄 수 있 는 확트인 전망을 경험할 수 있다.

EXTENDED COMMERCAIL

대지는 3개의 대로사이에 위치하며 가장 높은 위치에 있다. 모든대로변에는 다양한 시설들이 혼재되어 있다. 그리고 그 시설은 국기원을 향해 확장되고 있다. 국기원은 충분한 녹지와 함께 하고 있으며 그곳은 삭막한 주변 콘크리트 공간에서 빠져나와 도심 속 자연을 즐기기에 충분한 곳이다.

EXTENDED CENTER POINT

3개의 대로 사이에 위치한 국기원은 대로변 시설의발전에 따라 상권의확장으로 중심점 역할을 할 수 있으며 차후 반대의 상권지역으로 가기위한 길목이 된다.

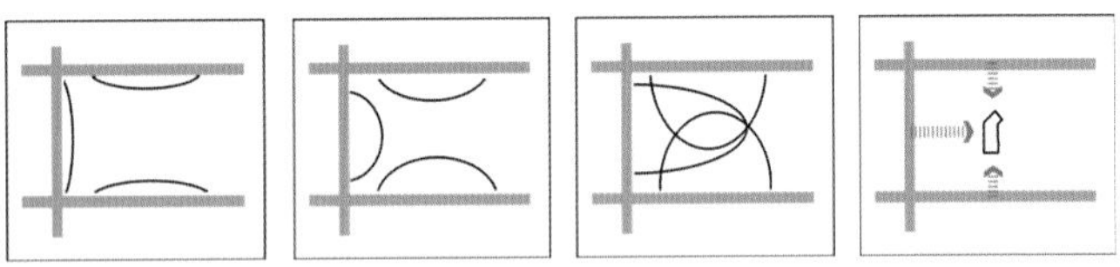

EXTENDED ATMOSPHERE

강남역의 분위기를 경사지인 국기원부지에서 시각적으로 느낄 수있다.

EXTENED VIEW LEVEL

기존 경사진 부지의 접근성 확보를 위하여 경사를 완화하면 강남역부근 빌딩숲을 정원으로 느끼기엔 시야확보가 부족해진다. 들어올림을 통하여 동선의 확장/ 시야확보를 유도한다.

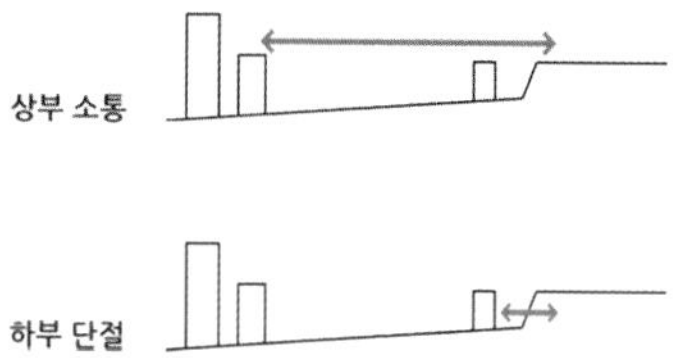

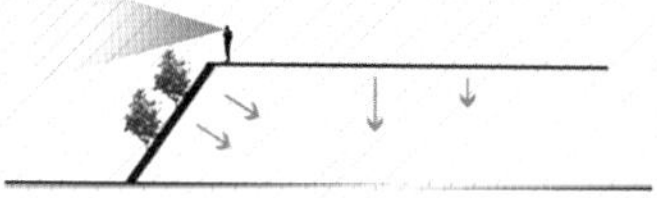

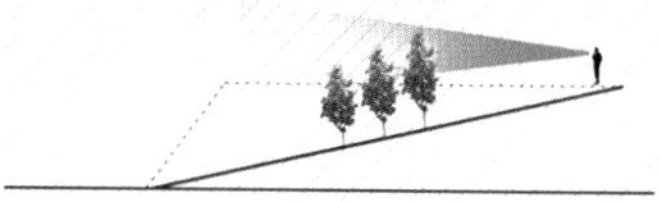

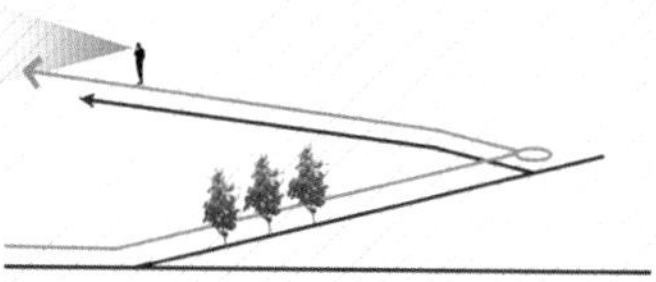

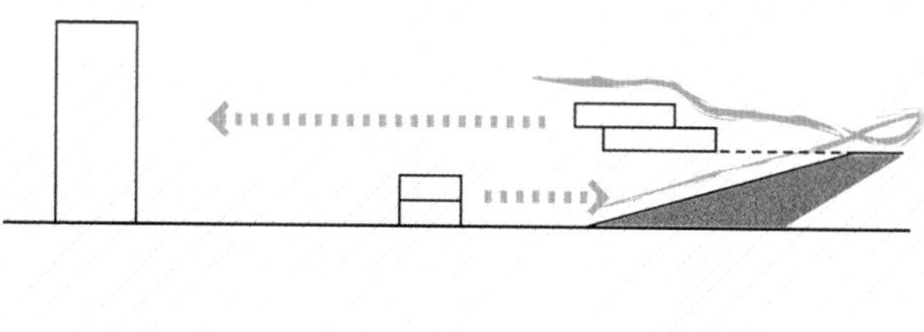

VISUAL PARK

EXTENDED ENTERANCE

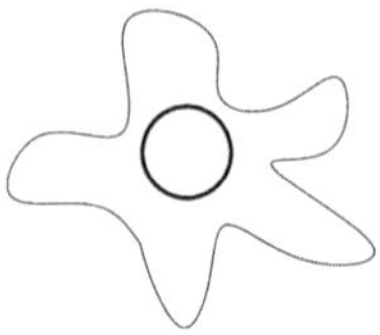

높은 경사는 국기원의 고립을 야기시킴

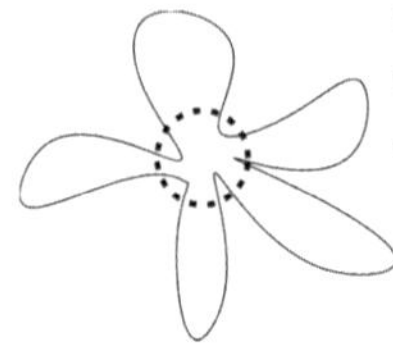

경사로인한 단절을해소하여 주변과 소통하고 함께 섞일 수 있도록 해야함

EXTENDED STRIP

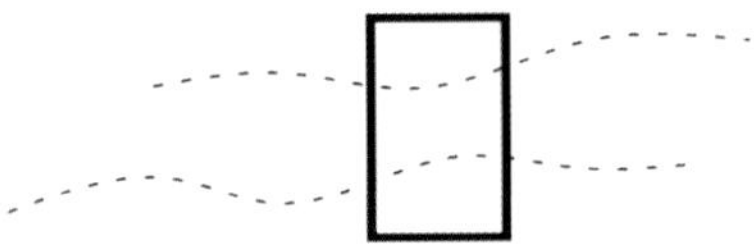

밖의 흔적(PATH)의 흐름을 차단하는 벽의 존재

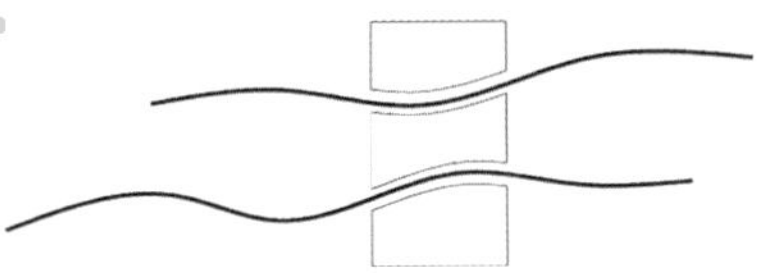

밖의 흔적들이 시각적 물리적으로 소통할 수 있는 strip이 동선이 되고 mass가 되어 그 사이에 흔적의 serve space가 생성된다.

MOVING LINE

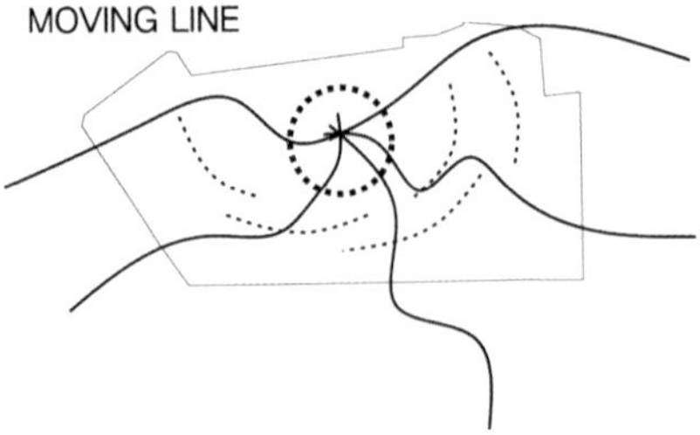

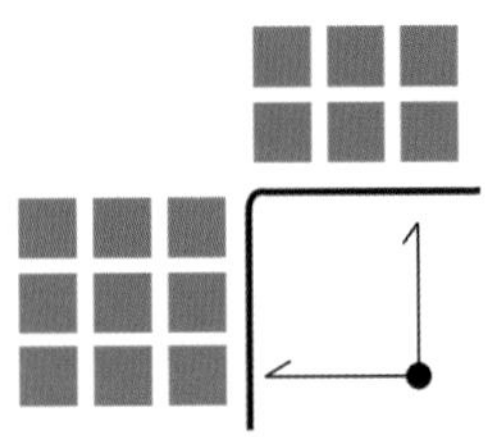

MASSING

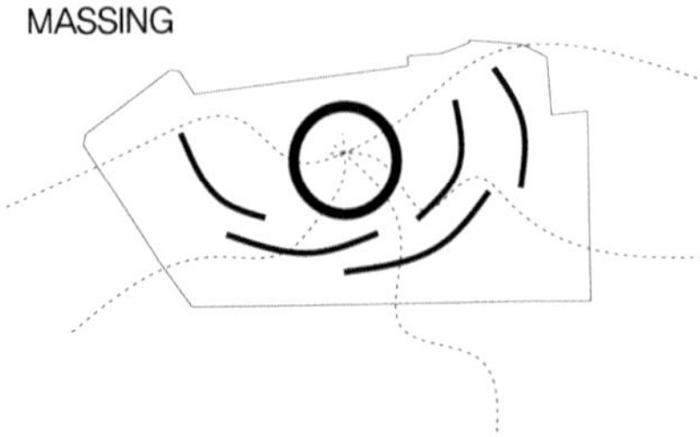

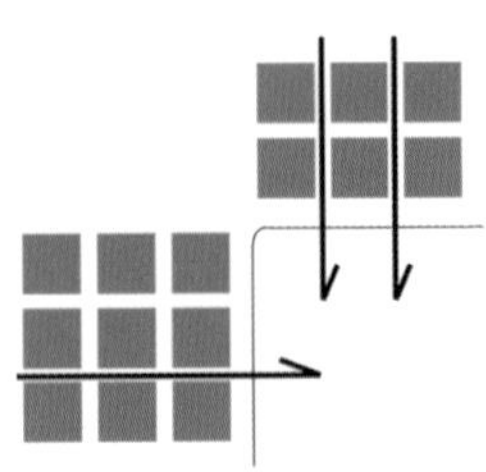

EXTENDED CITY AXIS

부지와 면접해있는 주거의 AXIS 그리고, 대로의 AXIS를 따르는 오피스 상점들의 AXIS를 부지로 끌어들임.

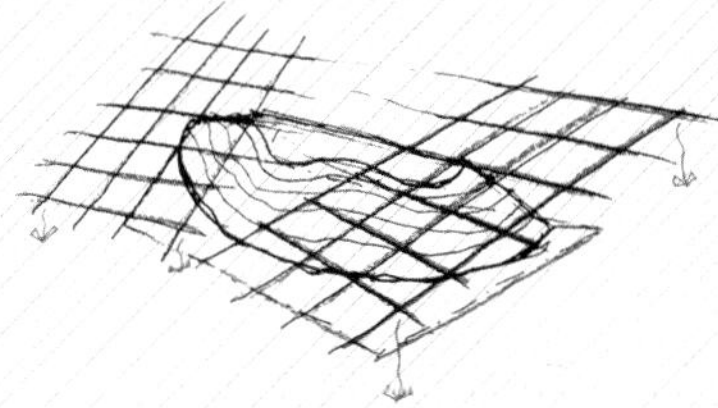

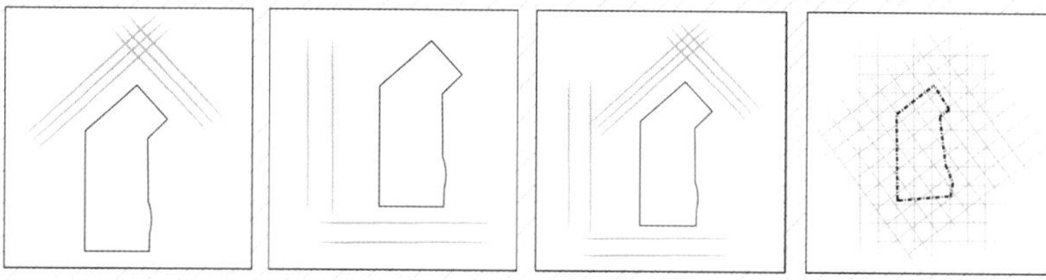

EXTENDED MEETING NODE

부지와 면접해있는 동선의 최단거리들이 만나는 NODE에 MEETING의 공간을 형성.

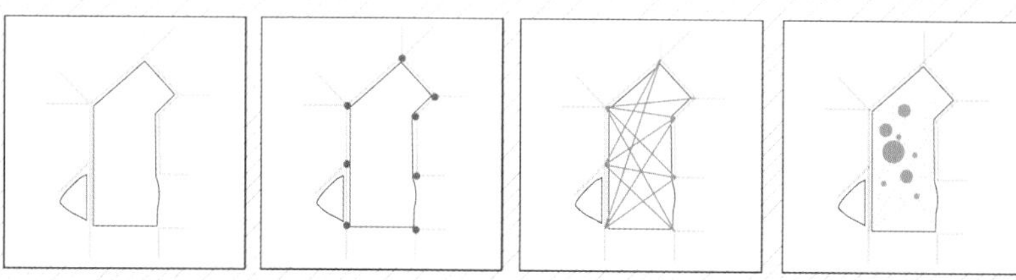

주차장 부출입구
4M 도로
6M 도로
GL +12000
GL +16000
전시시설
이용자편의시설
GL +9000
GL +9000
6M 도로
GL +5000
공연시설
공연무대
GL +9000
GL +13000
전망시설
보행진입
6M 도로

SITE PLAN

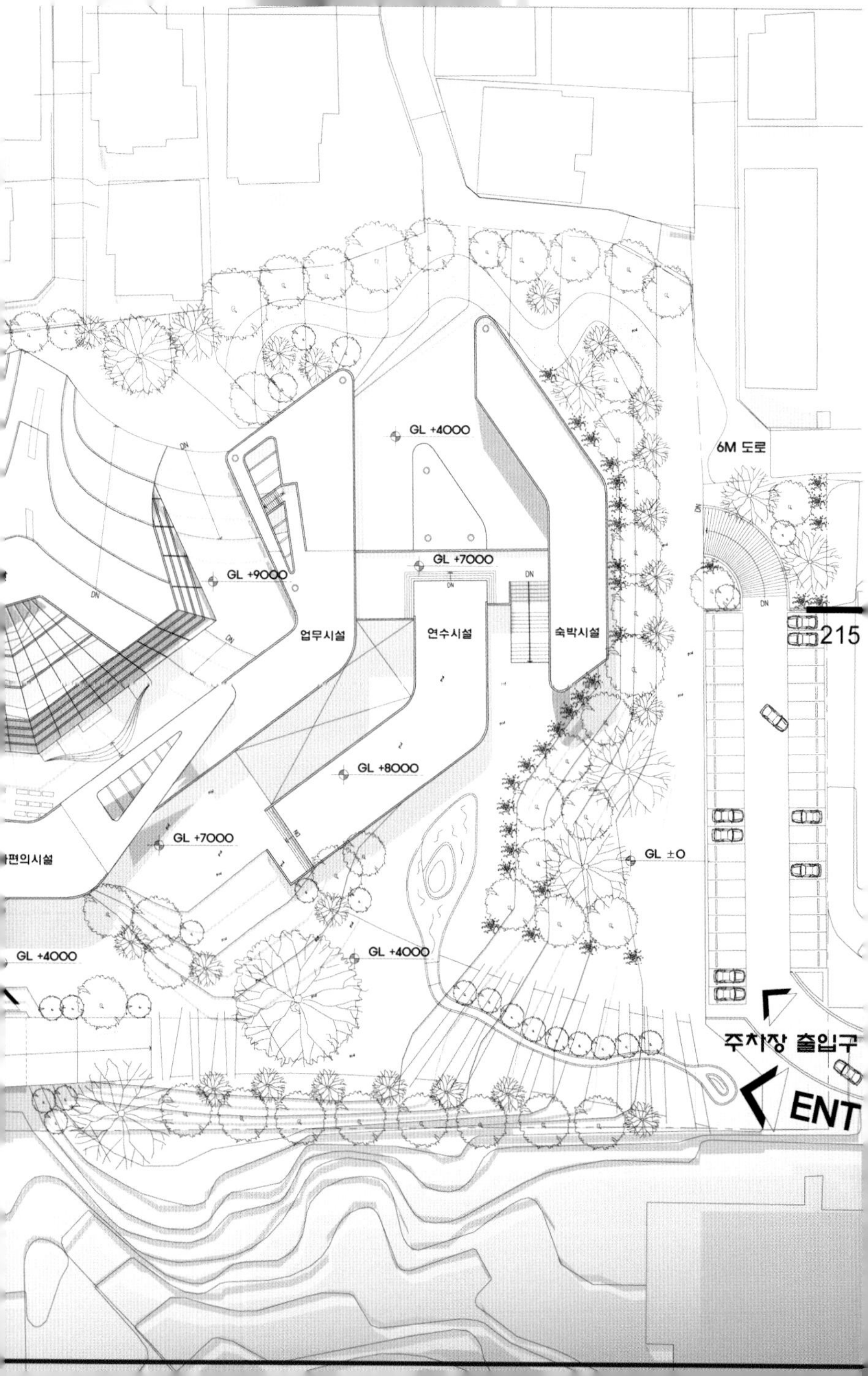
GL +4000
6M 도로
GL +7000
GL +9000
업무시설
연수시설
숙박시설
GL +8000
GL +7000
편의시설
GL ±0
GL +4000
GL +4000
주차장 출입구
ENT

ELEVATION

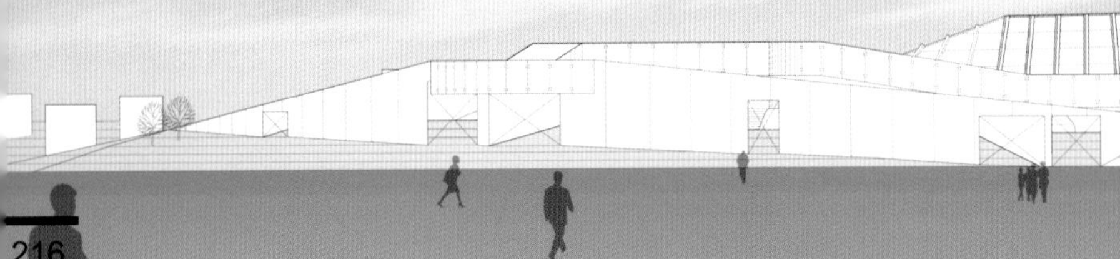

SECTION

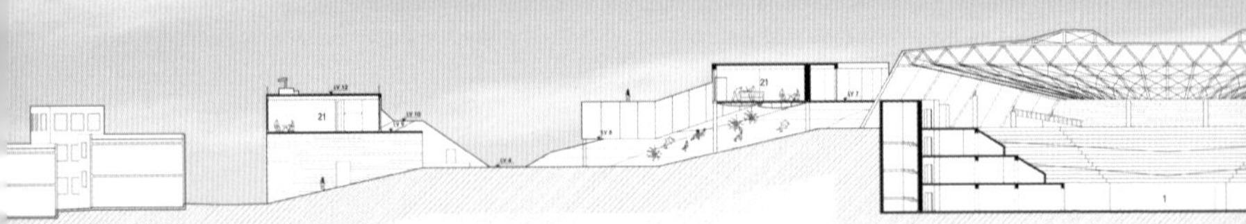

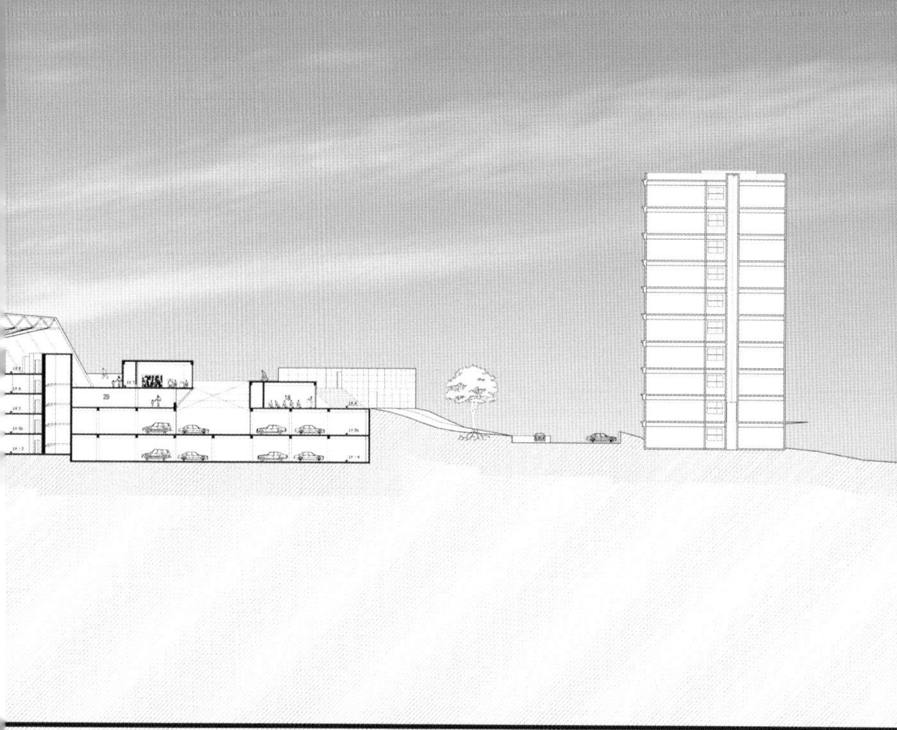

PLAN GL+1200

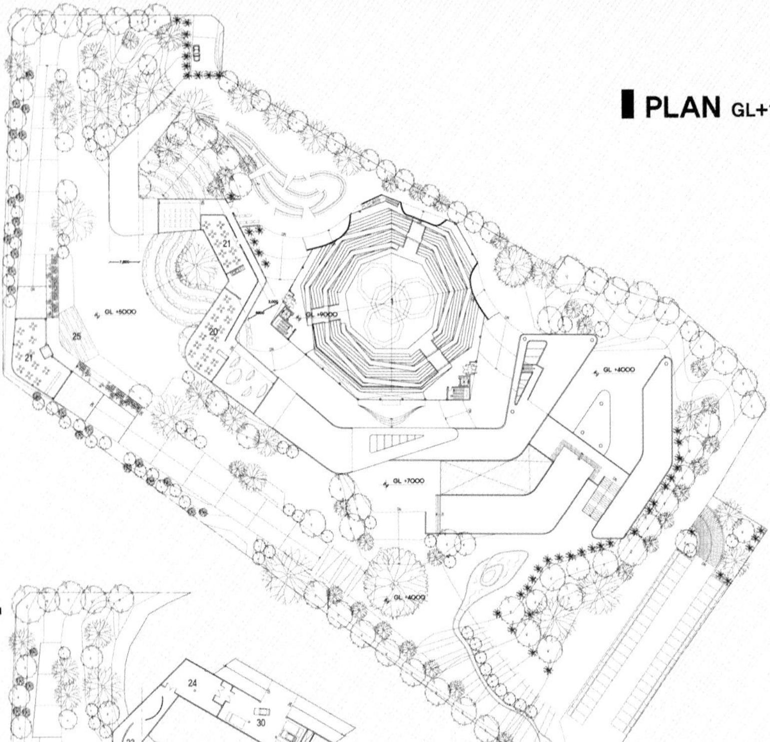

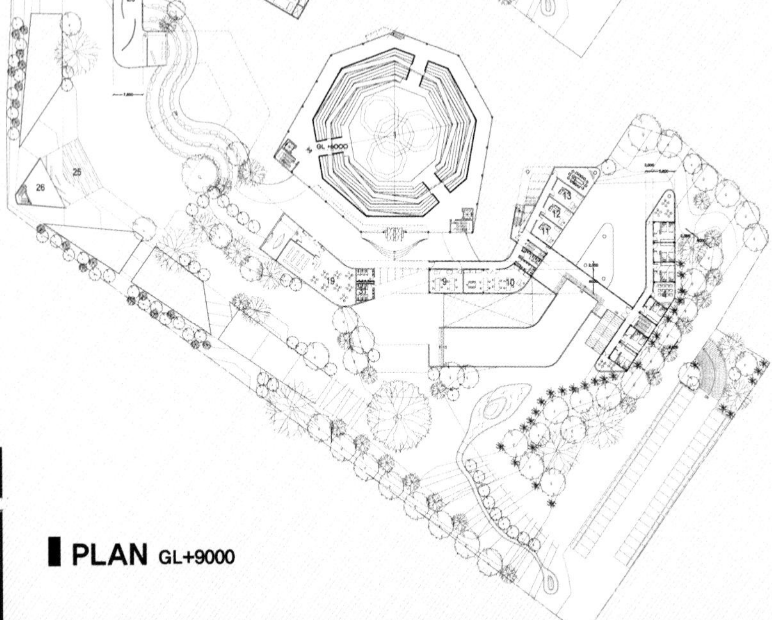

PLAN GL+9000

PLAN GL+6000

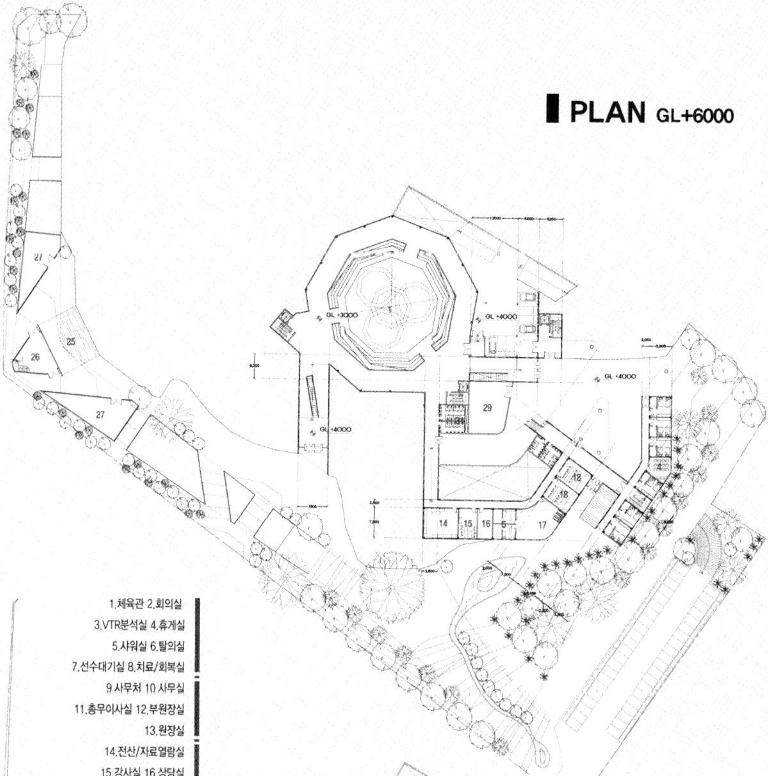

1.체육관 2.회의실
3.VTR분석실 4.휴게실
5.샤워실 6.탈의실
7.선수대기실 8.치료/회복실
9.사무처 10.사무실
11.총무이사실 12.부원장실
13.원장실
14.전산/자료열람실
15.강사실 16.상담실
17.헬스장 18.강의실
19.매점 20.레스토랑
21.카페테리아 22.조리실
23.전시실 24.수장고
25.공연장 26.대기실
27.무대설비실 28.창고
29.기계/전기실
30.차량서비스 31.화장실

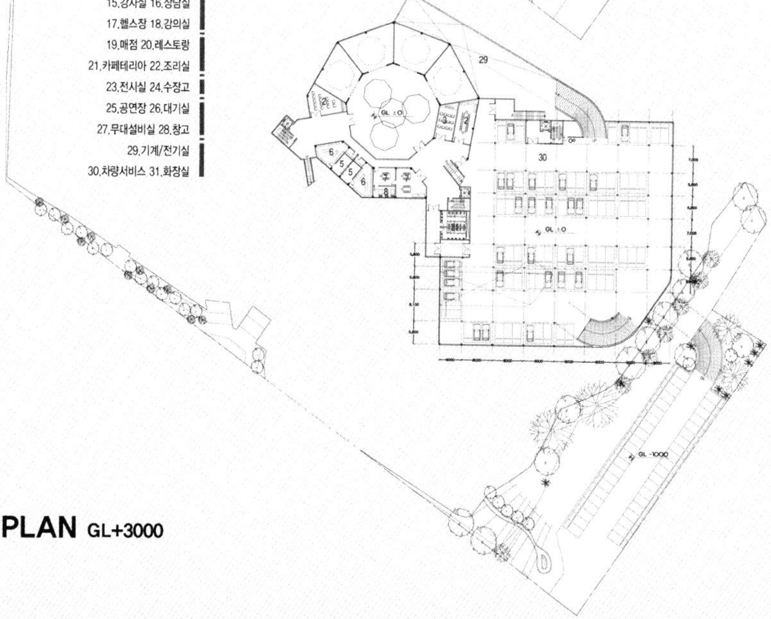

PLAN GL+3000

AXONO_ MOVING LINE / PROGRAM

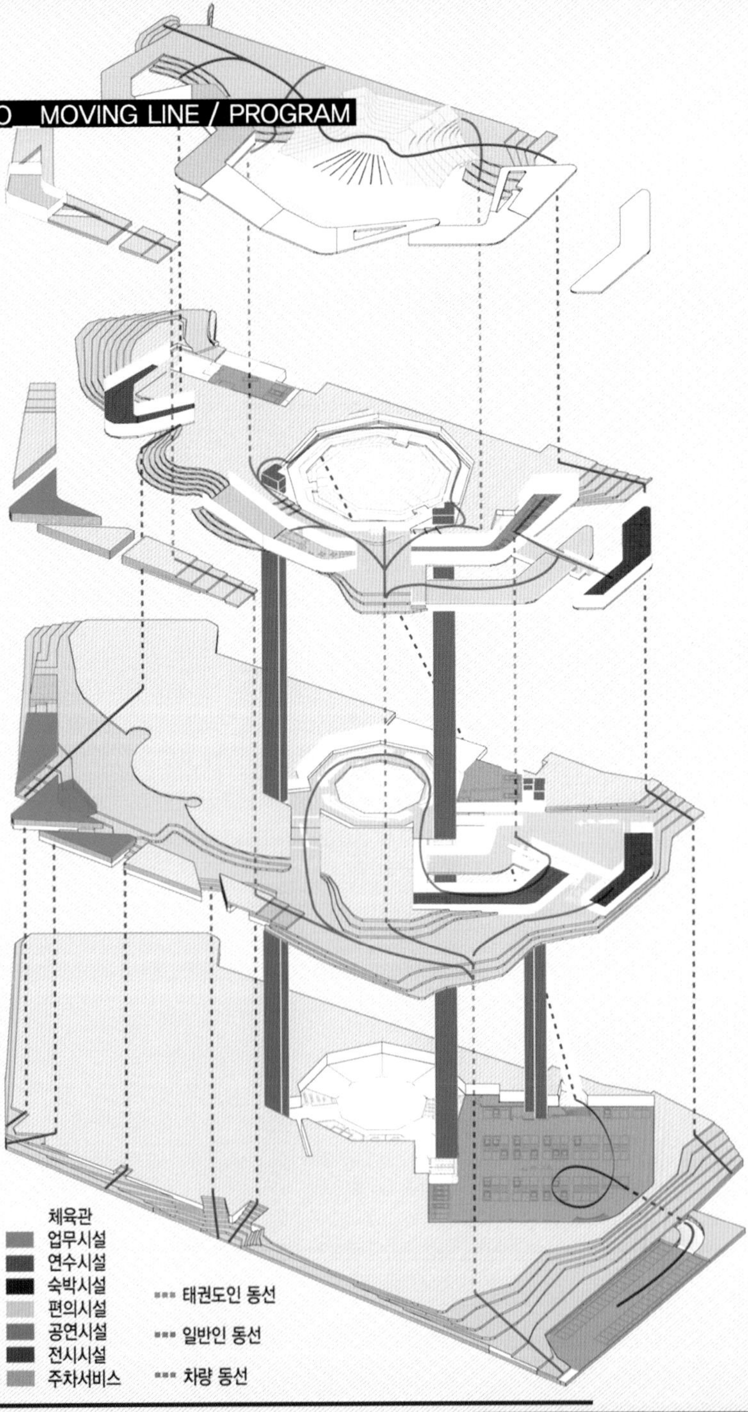

3D IMAGE & MODEL

MEDIUMNESS

후기

이 책은 CAMU(College of Architecture, Myongji University 명지대 건축대학)의 건축설계 7,8 수업을 통해 12명의 학생 및 1명의 학생편집인을 두고 공동작업을 한 결과물이다.

언젠가부터 대학은 실용과 효율을 중요시 하는 기관으로 변하고 있다. 아무리 깨어있는 학생이라도 마지막 학년이 되면 '취업'이 세상의 전부가 된다. 이런 상황에서 건축 디자인 교육을 하는 학교의 대부분의 졸업프로젝트는 성급히 끝내어 포트폴리오의 하이라이트, 혹은 공모전에 제출하여 상을 받는 도구로서의 기능만이 강조되고 있다. 적당한 주제를 가지고 (근 5년간의 여러 학교나 공모전의 주제를 보면 재탕할만한 요소들을 골라내서 영악하게 계획을 하는 학생들도 많이 있다.) 적당한 깊이를 가지고 화려하게 표현을 하는 것으로 5년 동안의 교육 (건축인증을 받는 우리나라 대학의 교육기간은 5년이다)을 마치게 되는 것이다. 또한 졸업하는 모든 학생들이 건축설계분야로의 진로를 원하지 않는 것에서도 상황은 더 복잡해진다. 이들 학생에게는 디자인에 '목숨을 걸' 동력이 있지 않으며 졸업연구프로젝트는 졸업을 위한 마지막 고비로서만 인식된다. 그러나 이런 다양한 상황 속에서도 대학은 한 인간의 성숙과 발전을 포기할 수 없으며 그것이 대학의 존재이유이다.

또한 한편으론 학사단계에서의 '연구'를 인정하지 않는 분위기도 있다. 모든 권위를 인정치 않는 요즘 사회적 분위기와는 반대로 건축학부, 심지어 건축대학원 학생의 작업과 이론은 지어지지 않는 아이디어 공모전 대상 정도로만 인지가 되며 졸업프로젝트는 대상 학생의 건축적 자질을 논할 수 있는 근거로서만 사용될 뿐, 그 자체의 이론이나 근거, 개념이 중요한 논의의 대상으로 취급되는 경우는 없다. 그러나 누구나 인지하듯이 세상은 역사학자나 이론가, 혹은 박사학력의 인물을 통해서 발전되는 경우는 거의 없다. 또한 설사 많은 경험을 가진 관록의 인물을 통해서 세상이 발전 변화하더라도 그들의 생각이나 의도가 경험을 통해서 생겨나는 경우는 많지 않다.

세상은 '의도'와 '관심'에 의해서 변화된다. 이런 의도와 관심이 형성되는 시기가 20대 자신의 관심사를 반영하여 디자인을 할 기회가 아니라면 언제 만들어 질 것인가? 따라서 졸업설계는 본인의 세계관, 건축관을 통해서 세상을 해석하여 건축적인 결과물로 완성되어야 한다고 생각한다.

따라서 CAMU에서는 꾸준히 스튜디오 튜터의 주제에 따라 학생들의 관심의 자유도를 유지하면서도 (이는 학생 본인의 관심이 가장 기저에 있어야 하기 때문에 중요하다.) 큰 틀에서 하나의 스튜디오가 같은 주제로 읽힐 수 있게 진행하는 시도를 하고 있으며 이 책은 그런 시도의 첫 결과물이라고 할 수 있다.

물론 완벽하지는 않다. 그리고 그 시각이 현실에 적용될 때 많은 문제점을 가지고 있을 수도 있다. 그러나 사고의 '출발점'으로는 부족하지 않다고 생각한다. 그리고 이런 출발점은 연구를 진행한 본인들에 의해서도 진행될 것이고, 이 책을 읽는 분들에 의해서도 채워질 것이다.

끝으로 책출간을 위해서 노력해 주신 김경수 학장님, 정영수 교수님, 김혜영 계장님 그리고 시공문화사의 김기현 대표님, 박종호 이사님께 공을 돌리고 이런 시도를 가능케 만드는 CAMU 교수진께 감사를 전하며 1년 동안 동고동락한 공동저자인 스튜디오의 12명의 학생에게 심심한 사의를 표한다. 또한 이런 작은 시도가 앞으로 건축학 인증 프로그램이 나아갈 길의 한 예시가 되었으면 하며 건축을 꿈꾸는 학생들에게 가이드가 되었으면 하는 마음 간절하다.

남수현

저자 프로필

권세진 Kwon Se Jin

A Rise of The Extended Path / 2011 경기건축대전 3th Prize

권세진은 건축가가 그리는 지구 위의 그림은 비로소 작을지라도 그 공간을 이용하는 사람에게는 전부이기에 수반되는 책임감과 성취감은 충분히 매력적이라고 생각한다. 그래서 건축가의 꿈을 이루기 위해 혼자만의 길을 가고 있다.

HISTORY

2008 3학년 /경기건축문화상 입선/프리폼워크샵/삼우설계인턴 청주대 다목적체육관 현상설계팀

2009 4학년 /용인시도시설계공모전 장려상/여수EXPO현상설계참가/강구조공모전출품/도코모모학생공모전 출품 건축모임GAGA 회장역임

2010 휴학 /포항테라노바현상설계 참가/주택공사공모전출품/완건축사사무소인턴/건축기사취득/어학연수

2011 5학년 경기건축대전 동상/명지대 졸업작품 장려상

노경은 Noh Kyung Eun

Urban Crater+Basin

노경은은 매 순간 꿈꾸고 기도하고 노력하는 사람이 되고자 한다. 건축 안에서 5년을 공부하고 떠나지만 앞으로 더 많은 시간을 기적과 함께 보내리라는 확신을 가지고 오늘도 자신을 돌아본다. 하늘은 도울 것이다, 자신을 돕는 사람을...

노무영 Noh Mu Young

Dense Equilibrium

노무영은 프로그램에 관심이 있으며 건축,인생 모두 설계중이다. 자유로움 속에서 시행과 오차를 거치면서 점점 더 발전 중이다. 후에는 남들에게 큰 도움을 줄 수 있는 건축과 인생을 만들 것이다.

HISTORY

2010 메트로폴리스공모전참가/공연장 공모전 Final list

2011 어반폴리 공모전 참가/Perfomance Architecture 작업중/네덜란드 여행 및 공병장교 임관예정

송혜진 Song Hye Jin

Dual Mode

송혜진의 웃음은 사람을 편안하게 만든다. 그의 그런 긍정적인 자세가 건축 안에서 더 빛나는 기회가 생기길 기대한다.

신혜정 Shin Hye Jung

Urban Tatto

신혜정은 작은 것에서 아름다움을 찾고 가능성을 만들어 내는 솜씨가 있다. 임육주 소장과 작업하게 된 그녀는 더더욱 자신의 가능성을 발휘할 수 있을 것이다.

유은숙 Yuh Eun Suk

Urban Matrimary

유은숙은 새에 대한 관심과 표현이 뛰어나다. 스스로 멋있는 스케치를 하면서도 그 가능성이 얼마나 큰지 본인은 모르고 있다. 인테리어적 센스가 빛나는 그녀의 소질이 만개하기를 기다린다.

이세연 Lee Se Yeon

Vertical Beehive

이세연은 도시를 형성하는 주요 요소들과 이를 움직이는 원리를 체계적으로 이해한 후, 실제로 작동할 수 있는 신도시 설계를 시도 하는 것, 도시보존, 복합 단지의 설계, 도시인의 휴식과 충전을 위한 공공을 위한 쉼터를 설계하는 것에 관심을 가지고 작업을 진행하고 있다.

HISTORY

2004 43회 전라예술제 입선

2005 전북학생건축대전 입선/전북학생건축대전가작/제6회전북건축문화상 동상/한솔홈데코 시공기초과정 수료/대학교 국토대장정

2008 제12회 주택공사 장려상

2009 베니스워크샵수료

2010 메트로폴리스공모전 참가/barrier free design 공모전 장려상/제8회 아시아건축교류 심포지엄 공모전 출품

2011 현대오일뱅크공모전 참가/어반폴리 공모전 참가/명지대 졸업작품전시회 우수상

2012 한양대 대학원 도시공학과 입학예정

이진숙 Lee Jin Suk

Alter-Ego

이진숙은 대학 2학년 때 혼자 작업, 대한주택공모전에 입선하였다. 자신의 색과 타인과의 조화를 점점 익히고 있는 그녀는 임재은 소장과 작업중이다.

HISTORY

2007 대학생 대한주택공모전 입선

2009 서울대공원 국제설계공모전 3등

2010 대국 국제 비엔날래 특선

정주현 Jung Joo Hyun

Boundary Library

정주현은 어릴 적 꿈을 쫓아 건축학과에 매진한 6년을 마무리 짓는 시점에서 마침표가 아닌 인생의 또 하나의 새로운 시작점을 찍으려 하고 있다. 좋은 기억과 나쁜 기억을 둘 다 주었던 건축. 호불호가 강한 그의 대학생활은 휴학1년을 합한 6년, 한날은 설계에 미치고 한날은 연애에 미치고 노는 것에도 미쳤었던 그녀였다. 그녀의 닿을 곳은 어디인지 기대된다.

227

정호연 Jung Ho Yeon

Childhood Ellipse

정호연은 또렷하다. 건축 계획보다는 건축이 생성되는 과정에 대한 관심이 많은 그는 한미글로벌에서 자신의 생각을 더 구체화시켜 나가고 있다.

HISTORY

2007 제43회 경기건축대전 건축세계상

2008 장애인 편의시설 매뉴얼 제작 연구보조원

2009 그린홈 100만호 시범주택 연구보조원/Hybrid Solarusing을 통한 농촌 제로에너지 구축 및 표준설계도서 제작 연구보조원/로마대학교 건축워크샵 수료/차세대 문화공간 건축상 특선

2010 BIM Intermediate course 수료

2011 리더스플러스 프레젠테이션 경연대회 최우수상/플랜트전문인력양성과정 수료/Primavera P6 Basic Training 수료/한미글로벌 인턴 중

조영호 Zoh Young Ho

Medium

조영호는 여행자다. 그는 언제나 길위에 서 있으면 옆으로 빗겨나고 싶어한다. 악마가 되고 싶었고 악당이 되고 싶었다. 이제 다시 선택의 시간이 왔다. 그리고 그는 원피스 루피 선장과 함께 세상을 여행하려고 한다. 세상은 너무나 지루하고 멋없다. 바다는 그에게 또 다른 도전이 될 것이다. 인생이 긴지 짧은지는 본인의 선택에 따라 달라질 것이다.

최수영 Choi Soo Young

Unfold The Home

최수영은 '오랫동안 꿈을 그린 사람은 마침내 그 꿈을 닮아간다.'라고 믿고 있는 청년이다. 간삼건축에 입사하게 되지만, 현실에 안주하지 않으려고 지금도 부단히 노력중이다.

HISTORY

2009 메가마트 동래점 리모델링 디자인설계공모전 입선/ 제45회 경기건축대전 주니어부문 입선/베니스 건축대학 워크샵 프로그램 수료

2010 Barrier Free Design 공모전 건축물부문 입선/Barrier Free Design 공모전 가로디자인부문 우수상 제7회 인천건축학생공모전 가작/사단법인 한국도시설계학회 도시설계 공모전 금상/사단법인 한국교육시설학회 제1회 교육시설 디자인 공모전 특선

2011 제30회 대한민국건축대전 일반공모전 1차합격/제47회 경기건축대전 시니어부문 장려상/명지대 졸업작품 전시회 장려상/동대문 Apm쇼핑몰 Interior Design

김형근 Kim Hyung Keun

Design/Edit

배움에 대한 열정이 큰 김형근은 세계를 둘러볼 계획을 가지고 있다. 현재 유근록 소장과 작업 중이다.

HISTORY

2004 경기건축대전 우수상

2006 Phuket Pool Villa Project 설계참여/행정중심복합도시 중심행정타운 국제공모전(MPPAT) 참여

2007 하나은행 리모델링 공모전 출품/화성반월동사무소 현상설계(당선작) 참여

2008 래미안공모전출품/신건축국제공모전참여/Beirut Central District 국제현상설계참여/이천 사음동어린이집 실시설계참여

2009 차세대공모전 우수상/인천국제도시설계대전 출품/Studio Gaga 부회장

2010 Penang 국제현상설계참여/신건축국제공모전 출품/Xi Design Fiesta출품/헤리티지공모전 출품

2011 은평뉴타운3-2지구공원조성기본실시설계 참여/형산강 물관리센터 현상설계참여/현대오일뱅크 공모전 출품 Central Glass International Design Competition 출품/부천고가 설계용역 참여